JN276657

絵とき

バリ取り・エッジ仕上げ
基礎のきそ

Mechanical Engineering Series

宮谷 孝 [著]
Miyatani Takashi

日刊工業新聞社

はじめに

　バリはほとんどの部品製造工程で生成されます。このバリ取りは手作業で解決できてしまいます。この点がバリ取りの大きな特徴となっています。しかし、生産数が増えてきたり、部品が小さくなったり、精度が高くなってくると、このバリ取り作業を改善したいとの要望が出てきます。

　バリ取り作業は、部品製造工程の最終段階で行われています。すでに、部品の寸法や形状精度が完成していますので、バリだけを処理すれば加工完了です。これが、出してしまったバリを除去するために使われる「バリなきこと」の処置となっています。

　しかし、このことがバリ取り作業改善を難しくしています。バリ取り作業改善の条件には、バリを除去することと同時に部品の表面を変えたくない、部品精度を低下させない、などの厳しい条件がついてきます。このような諸条件を満足する、バリ取り法を見出すのは容易ではありません。

　このようなバリに関する課題解決には、バリが生成される部品エッジに注意を払い、設計・製造する必要があります。つまり、バリ取り改善は設計から始める必要があります。設計部門では部品エッジ品質を決め、製造部門でバリの抑制を行うことです。このようなトータル活動で、バリの課題を解決するのが重要です。これをバリテクノロジーと呼んでいます。

　本書は私の研究開発や経験・知見をもとに、バリ取り・エッジ仕上げを改善する立場でまとめました。データ・図表をわかりやすく解説して、バリ取り改善のコツをまとめたもので、実務に携わる方の役に立つ書としました。また、バリ取り工程に大きく影響する部品エッジの設計にも触れ、設計者にもぜひ読んでいただくようまとめました。また、理解しやすくするために同じ趣旨の

図表についても、見方を変えて説明してあります。これらのところが重要なポイントになります。

　また、バリ取り・エッジ仕上げは切削加工やプレス加工の後加工になります。したがって、バリ取り・エッジ仕上げの改善にはこれらの前加工の知識が不可欠です。本書とともに、ぜひ他の絵ときシリーズも併せてご覧いただきたくお願いします。

　本書は職業能力開発総合大学名誉教授　海野邦昭博士から執筆の推薦をいただきました。バリ取り・エッジ仕上げをまとめて後輩に伝えて欲しいというご要望に賛同してお引受けしました。この場を借りて厚くお礼申しあげます。

　また、BESTA-JAPAN 研究会（バリ取りと仕上げ技術研究会）名誉会長　神奈川工科大学名誉教授　高沢孝哉博士が東芝在職中にロータリコンプレッサ高精度部品の精密面取り技術開発を私とともに取組んで以来、実に 40 数年にわたってバリテクノロジーとともに歩んでこられました。高沢博士はこのリーダとして世界に広く情報を発信され、今日の基礎を築きあげられました。そして、私がこのバリテクノロジーのテーマに長年にわたり取組むことができた由縁です。

　また、本書は BESTA-JAPAN 研究会会員をはじめ、多くのバリ取り・エッジ仕上げに関係する方々から多くの資料をご提供いだだきました。ここに、高沢博士をはじめ BESTA-JAPAN 研究会会員、そして貴重な資料を提供いただいた方々に厚くお礼申しあげます。

　製品・部品の設計者、生産技術者そして現場でバリ取りに取組んでおられる方、これからバリ取り作業の改善課題に取組もうとする技術者、設計者を対象にまとめました。さらに、新しいものづくりを心掛けている方々の参考になれば幸いです。

　2011 年 11 月

宮谷　孝

絵とき　バリ取り・エッジ仕上げ　基礎のきそ
目　次

はじめに

第1章　バリに関わる基礎知識
　1-1　バリとは …………………………………………………… 8
　1-2　バリとかえり ……………………………………………… 10
　1-3　バリの種類 ………………………………………………… 11
　1-4　加工の見える化に役立つバリ …………………………… 13
　1-5　トラブルを引き起こすバリ ……………………………… 16
　1-6　バリと部品エッジとのかかわり ………………………… 21
　1-7　バリ取り・エッジ仕上げの必要性 ……………………… 22
　1-8　バリ取りコストが高いときの対応 ……………………… 23
　1-9　バリ取り作業改善の心構え ……………………………… 24

第2章　エッジを設計する
　2-1　エッジの重要性 …………………………………………… 26
　2-2　エッジの区分 ……………………………………………… 26
　2-3　エッジ機能と製品のかかわり …………………………… 27
　2-4　エッジ品質を決めよう …………………………………… 31
　2-5　規格を使ってエッジを設計しよう ……………………… 32
　2-6　社内規格を作ろう ………………………………………… 42
　2-7　設計・製造・評価のサイクルを回そう ………………… 43

第3章　バリ・エッジの測定・評価法

- 3-1　バリ・エッジ測定の目的 …… 46
- 3-2　バリ・エッジの形状・寸法に関する表現 …… 49
- 3-3　バリ・エッジ測定法の評価項目 …… 50
- 3-4　バリ・エッジ測定法 …… 52
- 3-5　測定したデータの処理方法 …… 62

第4章　バリ抑制か除去かの選択指針

- 4-1　バリ抑制と除去とのコストの総和を考えよう …… 64
- 4-2　プレス打抜き部品のバリ抑制と除去 …… 65
- 4-3　部品製造の流れとバリ対策 …… 68
- 4-4　バリ対策の実施内容 …… 70
- 4-5　バリ抑制か除去か－数値で評価しよう …… 71
- 4-6　バリ取り性数値評価事例（1）―プレス部品 …… 74
- 4-7　バリ取り性数値評価事例（2）―鋳物部品 …… 75

第5章　設計技術におけるバリ抑制法

- 5-1　機能・性能設計から始まるバリ対策 …… 78
- 5-2　部品の材質を変更する …… 80
- 5-3　部品のエッジ形状を変更する …… 81
- 5-4　バリレス加工法へ変更する …… 88
- 5-5　バリレス工程に変更する …… 91

第6章　加工技術によるバリ抑制法

- 6-1　バリはどのように生成されるか …… 96
- 6-2　バリを抑制するための加工原則 …… 100

6-3	旋削加工によるバリの生成と抑制	101
6-4	ドリル加工によるバリの生成と抑制	104
6-5	フライス加工によるバリの生成と抑制	111
6-6	せん断加工によるバリの生成と抑制	119
6-7	プラスチック成形加工によるバリの生成と抑制	126

第7章 バリ取り・エッジ仕上げ法の種類と特徴

7-1	バリ取り・エッジ仕上げ法の種類	130
7-2	研磨布紙加工法	131
7-3	回転工具加工法	133
7-4	ブラシ加工法	136
7-5	バレル加工法	138
7-6	噴射加工法	150
7-7	ユニークな噴射加工法	154
7-8	砥粒流動加工法	158
7-9	サーマルデバリング法	160
7-10	化学加工法	162
7-11	電解加工法	163
7-12	電子ビーム・イオンビーム加工法	165
7-13	磁気研磨加工法	166
7-14	便利なバリ取り・エッジ仕上げ工具・装置	167

第8章 バリ取り・エッジ仕上げ工程改善の進め方

8-1	バリ取り・エッジ仕上げ工程改善の手順	172

8-2　バリ取り作業改善の方針を明らかに ……………………… 173
8-3　バリ情報収集から始める ……………………………………… 173
8-4　バリを抑制できないか検討する ……………………………… 175
8-5　バリ取り方法選択の予備知識 ………………………………… 176
8-6　バリ取り・エッジ仕上げ法の仕上げ能力比較 ………… 178
8-7　バリ取り・エッジ仕上げ法の選び方 ……………………… 181
8-8　専用機設計とシステム化 ……………………………………… 187
8-9　バリ取り・エッジ仕上げコストの計算 …………………… 190

第9章　バリ取り・エッジ仕上げ　課題解決のために

9-1　バリ取り改善を始めるときに ………………………………… 194
9-2　「バリなきこと」「糸面取り」に対応するには ………… 195
9-3　エッジは面取りCか・丸みRか ……………………………… 197
9-4　テスト加工はうまくいったのに ……………………………… 198
9-5　複雑形状部品のバリ取り方法は ……………………………… 203
9-6　多品種少量に対応するには …………………………………… 205
9-7　バリ取り改善がうまくいかないのはなぜ？ ……………… 207
9-8　バリは現場で管理しよう ……………………………………… 216

おわりに ……………………………………………………………………… 217
参考文献 ……………………………………………………………………… 219
索　引 ………………………………………………………………………… 221

第1章

バリに関わる基礎知識

　「バリ」「ばり」「かえり」などいくつもの言葉が使用されています。バリが定義されていないために迷路に入ってしまうことがないように、曖昧なバリを具体的に定義して、バリ取り作業改善を進めることが重要です。そしてこの章でバリが果たす役割を認識することをお勧めします。

1-1 ● バリとは

　私たちは部品図面で「バリなきこと」などの定性的な加工指示を見かけます。この「バリなきこと」の加工作業標準書を作成しないままに加工していませんか。この章では"バリとはなにか"を説明します。

　JIS B 0051（2004年）によれば、バリとは「部品のかどのエッジにおける、幾何学的形状の外側の残留物で、機械加工または成形工程における部品上の残留物」と定義されています。さらに、バリの定義に用いられているエッジとは「2つの面の交わり部」と定義されています。

　具体的に図でバリとエッジを説明します。**図 1-1** に示した部品で、2つの面の交わり部のエッジAにはB面を加工すると残留物であるバリが出ます。このエッジAを拡大したものが**図 1-2**です。

　部品エッジAで、バリは図（a）のようにエッジから出っ張ります。ここで上に述べたバリの定義「部品エッジにおける、幾何学的な形状の外側の残留物」に従って図を分解すると図（b）に示すようにエッジとバリに分解できます。「バリなきこと」の図面指示に従ってバリ取りすると図（b）の鋭利なエッジに加工することになります。この鋭利なエッジはJIS B 0051では「部品の幾何学的に正しい形状からほとんどゼロに近い偏差をもつかどまたは隅のエッジ」と定義しています。

　このように「バリなきこと」の図面指示に従ってバリ取りと、バリ取りだけでなく、その後のエッジの測定もかなりコストがかかります。

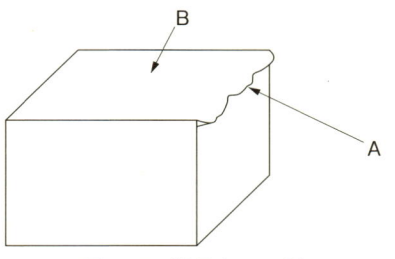

図 1-1　部品とエッジ

(a) 部品のバリ

(b) エッジとバリに分解

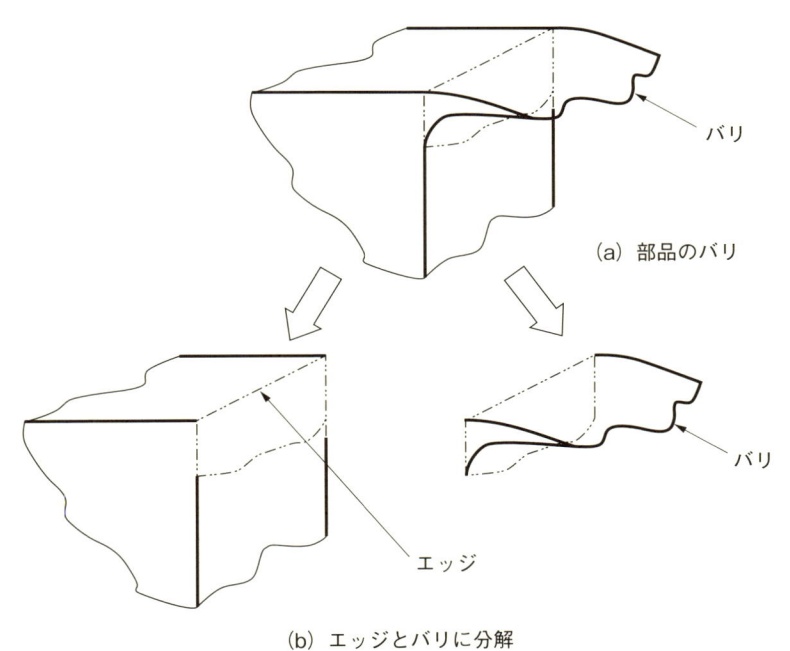

図 1-2　バリの定義

第1章 ● バリに関わる基礎知識

1-2 ● バリとかえり

　「バリ」には2つの起源があります。1つは鋳造から来る「鋳バリ」（fin）です。ほかの1つは機械加工から出てきた「burr」です。

　中国では古くから四角い穴が開いたお金を鋳造していました。貨幣鋳造で発生した鋳バリ仕上げが最初のバリ取り作業となりました。

　一方、米国では19世紀になって互換式部品による銃が開発され、それらの部品を大量生産するための機械加工法も開発されました。それらの専用工作機械による部品の大量生産から生まれたのが「burr」です。そして銃部品のバリ処理を大量に行うに適した仕上げ加工法も開発されました。バレル加工やブラシ加工などの多くの方法が開発されました。バリ除去を目的として、これらの工程が機械加工の最終工程に設けられたと推定されます。

　日本では「かえり」が用いられていました。包丁や刀の研ぎ師は現在でも「かえり」を使います。しかし、日本でも米国式大量生産・加工が始まると、バレル加工などの精密大量仕上げ法も伝わってきました。かえりに相当する「burr」を外来語としてバリとカタカナ表記し、「deburring」はかえり取り、またはバリ取りと翻訳して用いられるようになりました。

　かえりは日本語で、バリは外来語としてカタカナを用いていますが、同じ意味です。JIS B 0051ではburrの日本語訳として平仮名の「ばり」としています。また、学会、産業界では学術用語として片仮名のバリと平仮名のばりの両者とも使用可能と結論されています。

　本書では「バリ」を用いています。

1-3 ● バリの種類

材料を加工して部品を造る際にバリが生成されます。素材に何らかの加工エネルギーを加えて、部品としての機能を満足する形状、寸法、仕上げ面（表面粗さ、加工変質層など）を具体化するプロセスが加工です。

この加工法別にバリを分類すると、**表 1-1** に示すようになります。

表1-1　各種加工法によるバリの種類

分類	バリの種類	各種加工法	特　徴
除去加工	切削バリ	切削（旋削、中ぐり、フライス削り、穴あけリーマ仕上げ、ブローチ加工、歯切りなど）、砥粒加工（砥石による研削、ベルト研削、ホーニング、超仕上げ、超音波加工、噴射加工、バレル加工、ブラシ仕上げ）	切れ刃当たりの切込みに応じた大きさの比較的小さい切削バリを生成できるので、大きなバリの除去に用いられます。とくに砥粒加工ではバリは微小なので、バリ取り法として多く用いられます。
	せん断バリ	プレス打抜き、スリッティング、せん断	
	バリなし	電解加工、電解研磨、腐食加工、化学研磨	加工性原理からバリを生じないのでバリ取り法として効果的です。ただし、鋭いエッジは得られません。
	溶着凝固バリ	放電加工、レーザ加工、溶断	大小の溶融バリが生じます。
変形加工	成形バリ	鋳造、ダイカスト、プラスチック成形、焼結、ゴム成形	型のパーティング面にバリが生じます。
	塑性変形バリ	型鍛造、歯車転造、スエージング	同上。または、はみ出しにより生じます。
付加加工	溶着凝固バリ	溶接、溶着、はんだ付け	溶接ビード、スポット溶接、摩擦溶接部分周辺の盛上がりはバリの一種です。
	付着バリ	めっき、塗装、コーティング、金属溶射	皮膜バリともいいます。

加工の方法は表1-1のように大別すると除去加工（素材をマイナスする加工）、変形加工（素材を変形させる加工）、および付加加工（素材にプラスする加工）に分類されます。このように、素材を加工した場合に要求する形状・寸法から外れて加工機構上派生的に生じた残留物がバリです。

　除去加工の中で、電気化学的に、あるいは化学的に素材を溶解する現象を加工原理とした電解加工や腐食加工、化学研磨などの加工法はバリを生じない加工法です。

　バリがどのように生成するかについて、その機構から分類すると**図1-3**のようになります。大きく分類すると、素材を削る場合に発生する切削バリと素材がはみ出して生じる凝固バリとがあります。

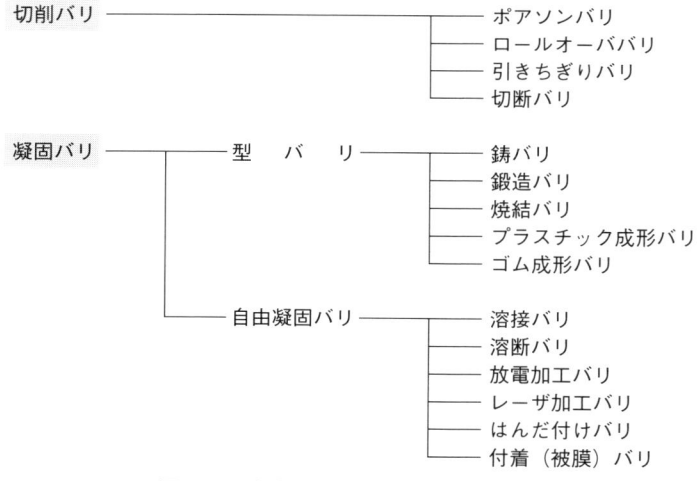

```
切削バリ ─┬─ ポアソンバリ
          ├─ ロールオーババリ
          ├─ 引きちぎりバリ
          └─ 切断バリ

凝固バリ ─┬─ 型バリ ─┬─ 鋳バリ
          │          ├─ 鍛造バリ
          │          ├─ 焼結バリ
          │          ├─ プラスチック成形バリ
          │          └─ ゴム成形バリ
          │
          └─ 自由凝固バリ ─┬─ 溶接バリ
                            ├─ 溶断バリ
                            ├─ 放電加工バリ
                            ├─ レーザ加工バリ
                            ├─ はんだ付けバリ
                            └─ 付着（被膜）バリ
```

図1-3　生成機構よりみたバリの種類

1-4 ● 加工の見える化に役立つバリ

ほとんどの加工に何らかのバリが生成されます。このバリを除去して、部品を所定の形状に仕上げる必要があります。しかし、バリは除去されるまえに重要な役割を果たしています。バリの状態を観察することは、加工状態を目視で把握できるということです。この役割を生産現場がうまく利用すれば、工程能力が大いに向上します。次に二、三の事例を紹介します。

（1） 包丁研ぎではバリが目安に

包丁やナイフ、工具などの刃物に刃先をつけるときには要求どおりに刃先が加工されたかどうかの目安にバリが重要な役割を果たします。私たちの身近にある包丁研ぎで説明しましょう。

包丁の研ぎ方は「バリを目安に」です。包丁を研いでいくと、刃の先端に金属のまくれが出てきます。これが「バリ」です。**図1-4**に示すようにバリが出れば包丁の刃先がうまく研ぎあがって、その切れるエッジが出た証拠となります。バリが出ないのは刃先と砥石の角度が悪いわけです。親指の腹を当てて生成したバリを確認した後に、**図1-5**のように新聞紙に刃先を左右にこすってバリを除去するのです。

設計図通りの刃先を造り上げようとすれば、その前加工では研ぐ前の、切れなくなった、つまり丸くなった刃先を研いでいきます。包丁研ぎで

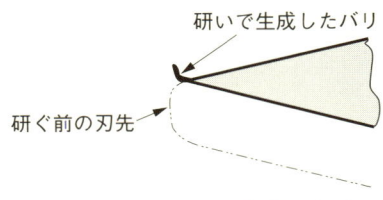

図1-4 包丁の刃先と生成したバリ

図1-5 包丁研ぎでの刃先バリの除去
（刃先を左右に動かして新聞紙に擦りつけてバリを取る）

はバリを研げたかどうかの「見える化」の指標にしているのです。エッジにバリが出なければ元の丸みのある切れ刃が残っていることを指しています。エッジを切れる刃先として仕上げるためには、バリを生成させて、エッジの丸みをすべて取り除きます。つぎに、生成したバリをうまく処理して、設計どおりの刃先を作るのです。このように、刃先形成の指標としてのバリの役割は刃先をつけたときに終わります。バリの役割は機能を有するエッジ、つまり切れる刃先を有する包丁を作ることです。

（2） プレス工具の再研磨時期をバリの高さで決める

プレス打抜き加工でも、バリは見える化の指標に用いられます。

プレス打抜き加工でのバリの大きさは**図 1-6** に示すように打抜き個数の増加とともに大きくなります。そして、この増加の程度はポンチ刃先の摩耗程度にほぼ比例します。あらかじめ定めた打抜き加工個数ごとにバリ高さを測定していけば、プレス抜き型の刃先の再研削時期到達を予測したり、型を交換する時期を予測することができます。

打抜かれた部品のバリの種類・大きさを観察すると、ポンチとダイスの状況が推定できます。刃先の部分的な損傷でも打ち抜き部品には部分的に大きなバリが出ます。加工中にこのようなバリを発見したらすぐさま対策することができます。

図 1-7 はプレス打抜き加工で、部分的に大きなバリが見られる例です。

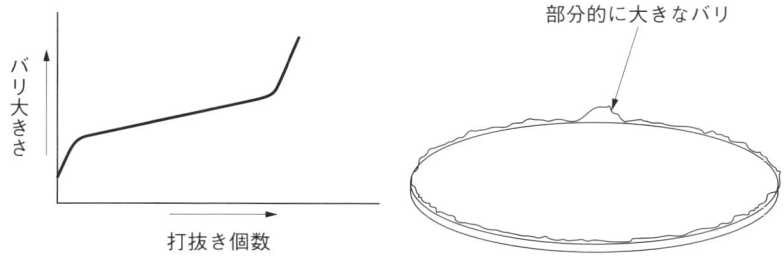

図 1-6　プレス打抜き個数とバリ大きさの推移　　図 1-7　部分的に大きなバリの例

ポンチ刃先のチッピングで生じたバリです。このようなバリを打抜いた部品のなかに発見した場合には、金型を分解してポンチ刃先を観察すべきです。

したがって、加工中のバリの観察と管理は非常に重要です。バリを常に監視すれば工具の摩耗や異常状態を見える化できます。

（3） バリが限度を超えるときは原因を確認し対策する

プレスで打ち抜く部品の左右（または前後）で大きさが異なるバリは、前工程に問題があります。図 1-8 にこの例を示します。ポンチとダイスの中心がずれて組み立てられてしまい、クリアランスに偏りができてしまったためです。バリは加工中の異常を知らせてくれる役割を果たす、重要な見える化の加工管理指標の例です。

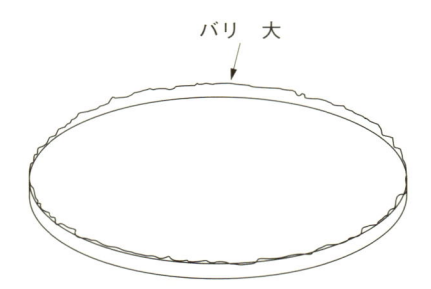

図 1-8 打抜き部品のバリ高さが異なる

（4） 加工中のバリを測れば工具の摩耗量が分かる

工具を使用して切削していくと工具が摩耗します。この工具摩耗がバリを大きくします。表 1-2 に生成したバリ、工具の切れ味・摩耗・刃先の状態と工作物仕上げ面との関係を示します。バリの大きさが工具の状態と加工後の仕上げ面の状態とに大きく影響します。

バリの大きさを測ることによって、おおよその工具摩耗量を推定することができます。工具を交換する時期、再研磨する時期を判断するのに重要な指標です。

表1-2 切削工具のバリと切れ味、工具摩耗の状態

バリ	工具			工作物仕上げ面
	切れ味	摩耗	刃先	
小 ↓ 大	良 ↓ 悪	小 ↓ 大	鋭 ↓ 鈍	良 ↓ 悪

　生成したバリの観察で工具摩耗状態を知り、工作物の良好な仕上げ面を得ることが製造部門で行われています。

1-5 ● トラブルを引き起こすバリ

　製造中や製品となってから、バリの存在によってトラブルを引き起こします。そのいくつかについて次に事例を示します。

（1）加工・計測の基準面障害になるバリ

　図1-9に示すようにバリが部品と基準面との間にはさまって、加工や組立ての基準面の障害となっています。加工では加工機械の加工テーブルに工作物をセットするときに発生します。対象とする工作物のバリを丁寧（ていねい）に取り除き、工作物に残らないように注意することが必要です。

　図1-10に示すようにバリがあるために正しい寸法を測定することができません。部品の厚さとしてバリの高さhを含んだ寸法を測定してしまいます。バリが小さくて見えない場合には、測定する工作物のエッジや表面にとくに注意する必要があります。

（2）組立ての障害となるバリ

　図1-11に示すように組立工程において、はめ合いをじゃましたり、合せ面などに不都合を生じます。自動組立作業では、パーツフィーダなどでの整列ミスや組立て不能の原因となります。

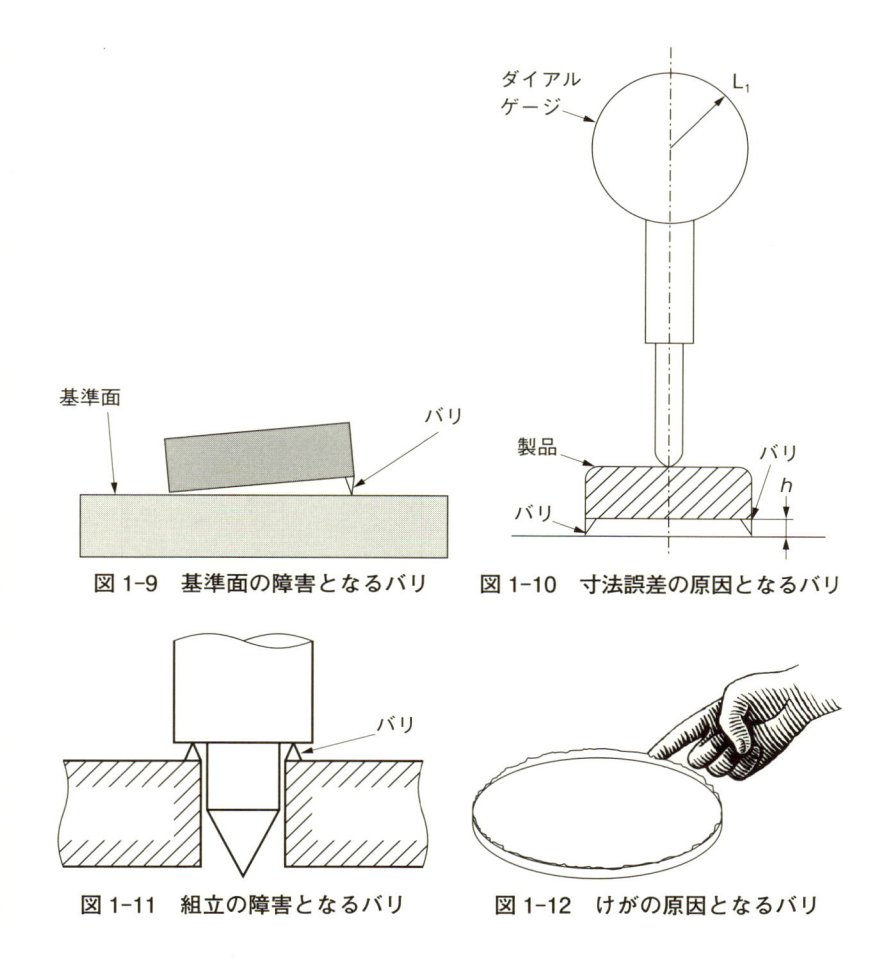

図 1-9　基準面の障害となるバリ

図 1-10　寸法誤差の原因となるバリ

図 1-11　組立の障害となるバリ

図 1-12　けがの原因となるバリ

（3） けがの原因となるバリ

　図 1-12 に示すように部品加工工程、または製品として取扱い中、人体に危害を与えます。日常、手に持つ工具や道具には製造物責任法（PL法）に基づいて注意が払われて、部品エッジの確実な仕上げが行われています。しかし、加工中や組立て中でも人体に危害を加えないように部品エッジのバリ取り・仕上げが重要です。

図 1-13　回転部の動作不良

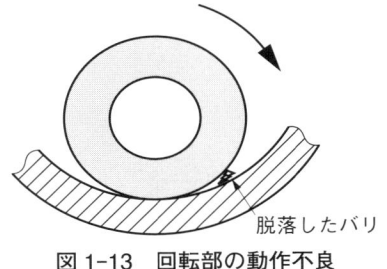

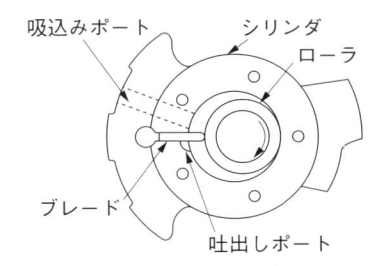

図 1-14　ロータリコンプレッサの
　　　　　圧縮機構部
（脱落したバリが回転する
ローラに挟まりロックする）

（4）　バリ脱落による動作不良

図 1-13 に示すように製品として動作中、残存するバリが脱落して摺動部へ介在することにより、動作不良を起こしたり、摩耗を促進したりして事故の原因になります。図 1-14 はこの具体的な例です。ロータリコンプレッサ圧縮機構部です。これらの部品はミクロンオーダの高精度に加工されています。そして組み立てられ、エアコンの心臓部として稼働するときにはローラが回転運動します。ローラとシリンダのすきまは数ミクロンのクリアランスを保って組立てられています。数ミクロンのすき間に脱落したバリが挟まればローラは回転できずに、ロックしてしまいます。コンプレッサの故障で冷暖房がとまってしまいます。

（5）　電気を短絡させるバリ

図 1-15 に示すように製品としての動作中、バリの存在や脱落により電気的短絡（ショート）を引き起こします。例えば、変圧器鉄心、電動モータのロータやステータ、開閉器、電線の絶縁被膜のきずつきによる電気絶縁破壊です。バリによって、流れてはいけない電流が流れてしまいます。

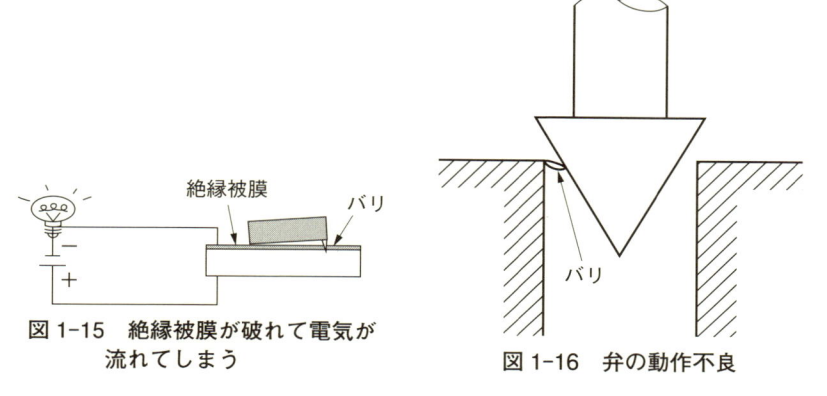

図 1-15 絶縁被膜が破れて電気が流れてしまう

図 1-16 弁の動作不良

（6） 性能を低下させるバリ

図 1-16 に示すように機能上、円滑または鋭いエッジの確保が必要な場合のエッジに残留してしまったバリです。このバリは機器の性能低下の原因になります。例えば、油圧、空圧機器部品の流路部分、ピストンリング、パッキングなどに用いる油密性のための突起部分、油圧機器におけるスプールです。これらは制御レスポンスに影響します。さらに、バリや脱落したバリはかじりの原因となってしまいます。設計指示に基づいて部品エッジを加工し、仕上げそして検査する必要があります。

（7） 工具の切れ味を低下させるバリ

切削工具を再研磨したときの研磨バリは、切れ味と工具寿命の低下をもたらします。

（8） 部品、製品の美観を損う

部品または製品外観ではそのエッジの光の反射が異なるために意外に目立ちます。これらのエッジがうまく仕上げられていないと部品、または製品全体の美観イメージを低下させます。部品や製品のエッジは注意して設計し仕上げる必要があります。

(9) こば欠けは負のバリ

磁性材料（磁気ヘッド）、セラミックス、石材などでは、こば欠けを生じます。負のバリに相当します。こば欠けの部分や周囲には微小クラックがたくさんありますので、この微小クラックの脱落などが原因となって部品の不良が出やすくなります。

(10) 寿命低下の原因

板ばねの抜打ち、あるいはスリッティングによるバリが存在すると、バリの部分に引張応力が集中するために疲労強度が低下します。

(11) 疲労破壊の原因

バリが残存したままで熱処理を行うと、エッジクラック（例えば、高速回転部品や歯車など）を生じます。その他にも多くの事例があります。

1-6 ● バリと部品エッジとのかかわり

　バリを除去すると部品エッジ形状が変わります。そこでバリと部品エッジとの関係をもう少し詳しく述べます。

　バリを除去すれば部品エッジ形状は丸みや面取りとなります。これらの丸みや面取りを総称してJIS B 0051（2004）では「アンダーカット」と定義しています。つまり、アンダーカットは「部品のエッジ（2つの面の交わり部）の幾何学的に正しい形状に対する内側への偏差」と定義されています。アンダーカットはバリの反対語です。

　図1-17に示すように部品エッジを図面指示どおりのアンダーカット、つまり面取りや丸み仕上げのためには、エッジに仕上げ代が必要です。この仕上げ代となるのは図で示される直角で鋭いエッジです。工作物をB面加工するとその残留物としてバリが生じます。バリをうまく除去すれば部品エッジを直角の鋭いエッジに加工できます。つぎにさらに加工を進めれば、設計要求どおりの丸みや面取りをつくれます。とくにエッジにシャープさを要求されているとき、言いかえれば鋭利なエッジを造りださなければいけないときには小さくて取りやすいバリを出して、それを少しずつ除去することが大切です。包丁やナイフの刃を仕上げるときにこの方法が用いられます。

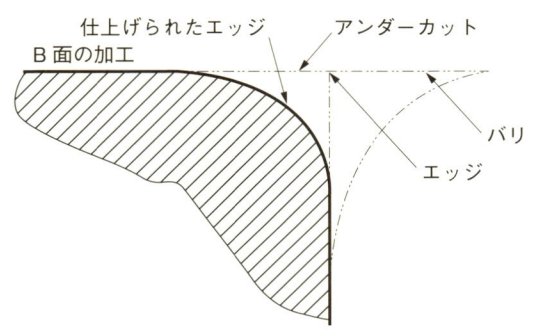

図1-17　バリとエッジ仕上げ

1-7 ● バリ取り・エッジ仕上げの必要性

　バリについて、まずバリの存在によってどんなトラブルがあるか、エッジにどのような品質が要求されているかについて検討すべきです。トラブルがあるから、さらに必要なエッジ形状と寸法があるからバリ取りが必要になります。言いかえれば、バリ取りするということは、本来はバリ取りが目的ではなく、設計者が要求しているエッジ品質、すなわちエッジの寸法、形状精度を達成するために、適当な方法でじゃまになるバリを除去してエッジ形状と寸法を実現することにあります。

　図 1-18 に示すようにかみそりの刃先は厚み 0.1 mm の帯鋼から刃先半径 $0.01 \sim 0.02$ μm のエッジが量産されています。

　また、スパナ、ドライバを手で持ったり握ったりしてもバリやエッジでけがしないようにそのエッジに $0.1 \sim 0.2$ mm の丸みが付けられています。

　図 1-19 は半導体用シリコンウエハのエッジ断面形状を示します。物理的な形状と電気的な性質がもとめられていることを示しています。

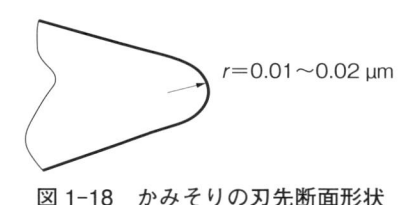

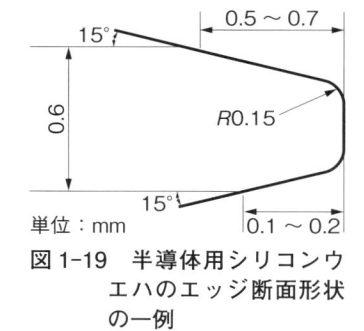

図 1-18　かみそりの刃先断面形状

単位：mm

図 1-19　半導体用シリコンウエハのエッジ断面形状の一例

1-8 ● バリ取りコストが高いときの対応

　バリ対策は、トータルコストの低減を狙うものですから、バリ取り作業を全加工システムの中に合理的に導入することが必要です。つまり、バリ取りコストと加工コストとの2つの合成したコストを最小にするための条件はなにかという問題になってきます。

　図 1-20 はフライス削り加工におけるトータルコストを説明したものです。フライス加工とバリ取りの2つの作業を合わせて、トータルコストを最小にしたいとき、フライス加工のカッタ送り速度の決定を行うことが必要になってきます。

　図のAのカッタ送り速度ではフライス加工コスト A_1 は最低を示しています。しかし、バリ取りコスト A_2 が大きく目立っています。改善すべきはバリ取りコスト A_2 を下げることにあると考えていないでしょうか。

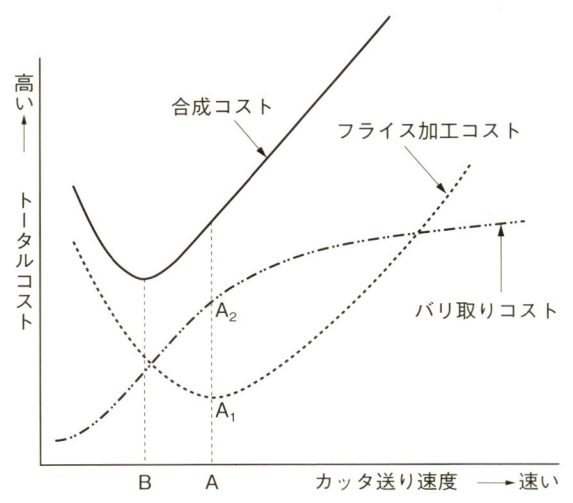

図 1-20　フライス加工におけるトータルコスト
（カッタ送り速度を変更するとトータルコストが最小になる）

このバリ取りコストが高い条件のときには、バリを生成する前加工のフライス加工が部分最適になっていて、バリ抑制を考慮しないで加工されている例が多いことがあります。カッタ送り速度を少し下げたときにバリの大きさが小さくなり、バリ取りコストが下がってきます。このB点がトータルコストを安くするカッタの送り速度になります。最適バリ対策条件の位置で最小コストが得られることを示しています。よく調べてみる必要があります。

1-9 ● バリ取り作業改善の心構え

　バリ取り作業を合理化したいと考えても、なかなか思うように行かない場合があります。人間のバリ取り作業をよく観察してみると、視覚・触覚センサを組み込んだ万能型バリ取りロボットが、あらゆる種類のバリ、部品形状・寸法に追従してバリ取りしているのと同じだということが分かってきます。どんな部品でも、バリの大小にかかわらず、一人の作業者がバリ取りと検査を行ってしまいます。とても人間と同等の働きをする安価な自動バリ取り装置など、開発できそうにないと考えてしまいます。

　また、バリ取りの合理化や自動化について、装置メーカーに相談するとしても、バリ取り装置のメーカーは数多く、彼等の得意とする分野での回答が通例です。相談したメーカーでのテスト結果がよくなければ、バリ取り作業合理化の計画は暗礁（あんしょう）に乗り上げてしまいます。

　このことから、バリ取りの合理化・自動化を担当する技術者は、最適な合理化を図るために広い視野で技術情報を集めて、経験を積み、「六勘」を養うことが必要です。

　一般に、多くの技術者がバリ取り合理化の仕事を一度は経験していることと思いますので、日頃からバリに関する情報を集め、設計部門との協同作業で改善するのが最善です。

第2章

エッジを設計する

「バリなきこと」の図面指示で「バリ取り」を行います。しかしバリを取るだけでは設計者が意図する機能を果たせる部品を製作することができません。エッジには機能があります。例えば、この製品を使用した人がけがをしないようになどです。このために部品エッジの形と大きさを設計し、図面指示すること、エッジ仕上げ加工手順を作業標準書に、また加工されたエッジを保証する検査具を決めて検査標準書に盛り込むことです。設計における図面指示が最も重要です。

2-1 ● エッジの重要性

　これまでのエッジ品質は、設計図面で「バリなきこと」、「糸面取りのこと」あるいは「エッジはシャープなこと」などの定性的な表現で扱われてきましたので、標準化・規格化することはなかなか進みませんでした。「バリなきこと」や「糸面取りのこと」の注記のある設計書では、設計者が部品エッジに要求している機能とそのエッジ品質とを、明確に部品加工者に伝えることができません。

　このような状況では、エッジから予期せぬトラブルを招いた事故が意外に多いのです。しかし、部品が小形化、高機能化していますので、エッジの機能とその品質の重要性の認識がとくに高まっています。まず、エッジをどのように定義し、表現できるかを説明します。

2-2 ● エッジの区分

　エッジは2つの面の交わり部です。このエッジには積極的・消極的な存在価値があり、次のような区分があります。

（1）　部品エッジが機能を有する場合
　刃物をはじめ多くの事例があります。部品エッジが機能・性能を左右するものです。部品エッジに詳細な設計指示と加工指示、品質保証指示が必要になります。

（2）　部品エッジが製品の機構や機能上障害となる場合
① 　高電圧が負荷された機器では、シャープエッジはスパークによる障害を引き起こします。
② 　エッジの欠損や亀裂が、部品もしくは製品の破損を招きます。

③　エッジに残留したバリの脱落は、部品が摺動するとかじりや作動不能を発生します。

部品エッジが障害となるもので、加工途中や製品となってからの障害の原因を把握して、エッジ設計や加工指示することが要求されます。

（3）　部品エッジが意匠設計において重要な役割を持つ場合

意匠設計においてエッジの形態が重要で、境界を明確にして"シャープさ"を表現したい場合と境界を"ぼかして"柔らかさを表現したい場合があります。

2-3 ● エッジ機能と製品のかかわり

部品エッジの形状は図 2-1 に示すように、3 つの基本形に分類できます。鋭角形は相手部品への食い込み性能が良くなります。直角形は位置決め性能が良く、鈍角形は相手部品との共働性が良いという基本性能があります。

どのような事例があるかを次頁の表 2-1 にまとめました。表 2-1 では部品エッジは製品もしくは部品に対して種々の工学的機能、つまり切削、膜厚制御、気密、圧力平衡、流量制御、摺動抵抗抑制などの機能ごとに分類して示しています。

図 2-2 ～ 2-8 に製品・部品に設計されているエッジ形状の具体的な事

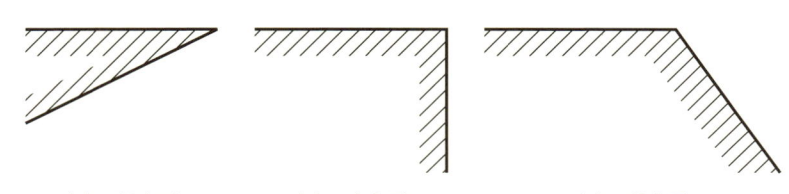

　　（a）　鋭角形　　　　（b）　直角形　　　　（c）　鈍角形
図 2-1　エッジ形状の基本形

表 2-1　エッジ機能と製品の関わり

工学的機能	事　例	図
切　削	注射針の先端部 カミソリの刃先部 切削工具の刃先（切れ味） せん断機のブレード	図 2-2
膜圧制御	印刷機器のインキ・ドクターブレード	図 2-3
気　密	高圧容器のふたのナイフエッジ 真空機器のフランジのナイフエッジ 方向制御弁スプール・ラビリンス溝部 圧力制御弁のオリフィス部	図 2-4
圧力平衡	油圧ポンプ、油圧シリンダブロック（圧力パッド部） 油空圧機器サーボ弁のスプール端面部	図 2-5
流量制御	油圧機器流量制御弁のオリフィス部	図 2-6
摺動抵抗抑制	油圧ポンプ、油圧シリンダのシール装着部 工作機械の摺動機構部	図 2-7
耐強度、耐摩耗 （かじり、焼付き防止）	歯車、一般摺動機構部品のエッジ	
組立、嵌合	組立部品のエッジ	図 2-8

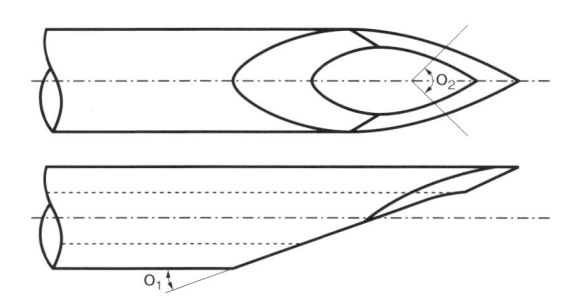

図 2-2　注射針先端部（切削、鋭角形エッジ）

例を示します。これらの部品エッジ品質のグレードごとのエッジ形状・寸法を具体的な適用例で示したものが**表 2-2**[18]です。工学的機能で、切削の切れ刃となるエッジの寸法は小さく、超高品質エッジや高品質エッジが要求されます。一般の組立部品でも必ずミリオーダの面取りが必要

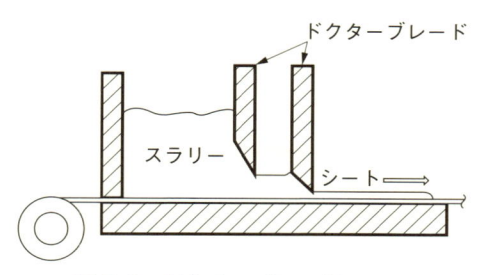

図 2-3 ドクターブレード
（膜圧制御、鋭角形エッジ）

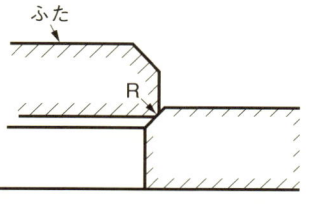

図 2-4 圧力容器のふた接触部の小さな R

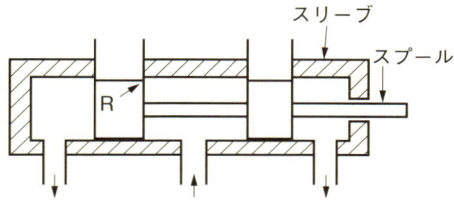

図 2-5 油圧機器サーボ弁のエッジの最小丸み R
（圧力平衡、直角形エッジ）

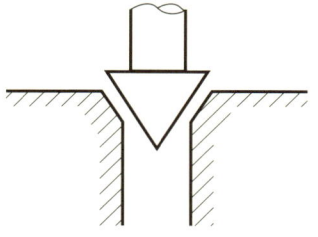

図 2-6 油圧制御弁
（流量制御、鈍角形エッジ）

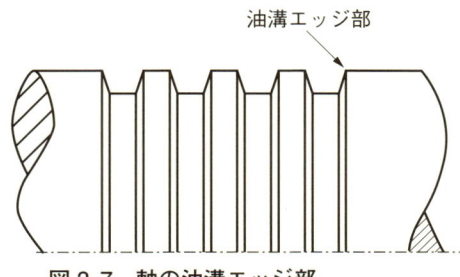

図 2-7 軸の油溝エッジ部
（摺動抵抗抑制、鈍角形エッジ）

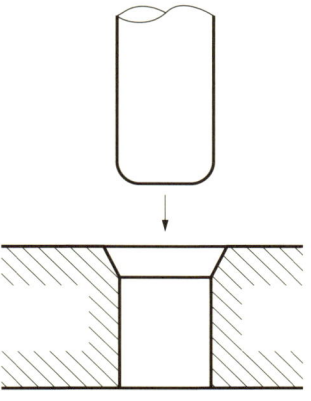

図 2-8 組立部のエッジ

第2章 ● エッジを設計する

表 2-2　部品エッジ品質の適用例

エッジの品質グレード	エッジの形状	エッジの寸法	適用例
超高品質エッジ	R	0.01 〜 0.2 μm	ダイヤモンドバイトの切れ刃稜、カミソリの刃先
高品質エッジ	R	0.3 〜 5 μm	普通工具の切れ刃稜、精密金型のエッジ
鋭いエッジ	R	8 〜 30 μm	油圧機器の制御オリフィス、時計のアンビル
丸みのあるエッジ	R	0.08 〜 0.3 mm	一般摺動部品、ミサイルジャイロのピボット
面取り	C	0.4 〜 0.6 mm	一般組立て部品

です。

　部品エッジを設計する場合には部品エッジに要求される静的・動的性能を理解することが重要です。さらに製品使用時に発生する変形、損耗やチッピングなどの耐久性能も考慮する必要があります。このようなエッジ機能を引き出すためには、エッジとその周辺を含むプロファイルの設計が重要な因子となります。

　機械加工されたエッジとその周辺を含むプロファイルは加工の際の機械的な応力や熱的作用によって、**図 2-9** のように表面からかなり内部の表面層まで母材とは異なった性質を持つようになります。エッジ機能は表面の幾何学的形状とともに内部の材料学的性質が大いに関係します。この加工表面の幾何学的形状をサーフェス・テクスチャ（表面性状）、表面から内部の材料学的性質をサーフェス・インテグリティ（表面層性状）と呼びます。これらのサーフェス・テクスチャ（表面性状）とサーフェス・インテグリティ（表面層性状）は部品エッジの機械的強度、疲労強度、寿命や信頼性に重大な影響を及ぼします。

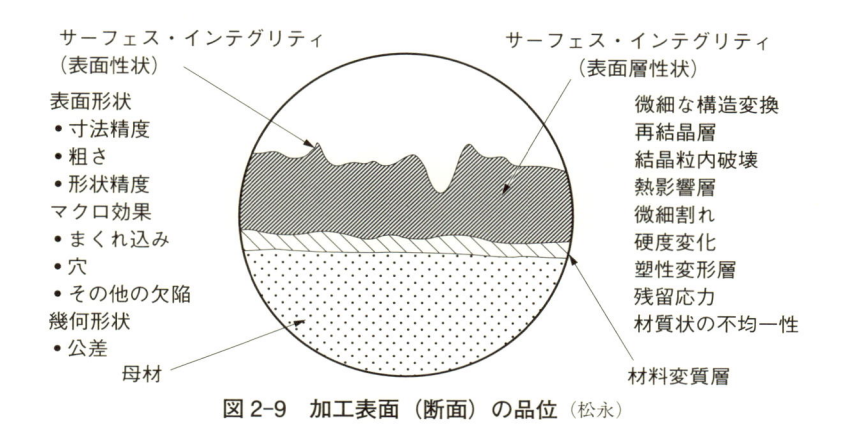

サーフェス・インテグリティ
（表面性状）
表面形状
・寸法精度
・粗さ
・形状精度
マクロ効果
・まくれ込み
・穴
・その他の欠陥
幾何形状
・公差
母材

サーフェス・インテグリティ
（表面層性状）
微細な構造変換
再結晶層
結晶粒内破壊
熱影響層
微細割れ
硬度変化
塑性変形層
残留応力
材質状の不均一性
材料変質層

図2-9　加工表面（断面）の品位 (松永)

2-4 ● エッジ品質を決めよう

　製品・部品設計者は、製品または部品にエッジ機能を持たせるために必要とされる特性を明確にして、エッジ品質を決定する必要があります。エッジ品質とは、製品の性能を十分に発揮させることができるエッジの性質・性能です。具体的に、次の3項目をその代用特性として設計することです。

　① **エッジおよびエッジ周辺の幾何学的形状（寸法精度、形状精度）**

　エッジ品質は定量的に表現する必要があります。エッジの寸法と公差、真直度などの幾何公差が挙げられます。

　② **エッジおよびエッジ周辺の表面性状（サーフェス・テクスチャ）**

　表面性状とは、加工を施すことによって、エッジ表面に現れるエッジ表面の品質特性です。図2-9に示したように表面粗さ、表面うねり、ツールマーク、きず、欠け、表面付着物などが挙げられます。表面性状の一例を**図2-10**かみそりの刃先の欠陥で示します。刃先を拡大して観察しますとつぶれ、まくれ、欠けなどの表面性状の欠陥があります。これらの欠陥について品質等級を決めて保証することが重要になります。

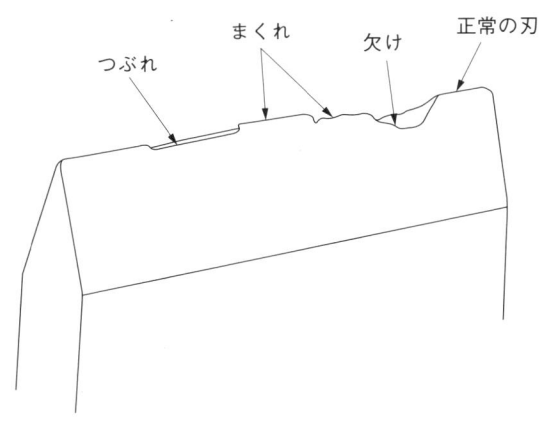

図2-10　かみそりの刃先の欠陥

③　エッジおよびエッジ周辺の表面層性状（サーフェス・インテグリティ）

　表面層の性状とは、エッジに加工を施したときに、加工力、加工熱、異物侵入などの外部的因子によってエッジ表面から這入り込んで生成された内部までの層の欠陥や異常な状態です。図2-9に示すように加工焼け、微小亀裂、加工硬化、残留応力、ブローホールなどの有無が挙げられます。

2-5 ● 規格を使ってエッジを設計しよう

（1）　部品のエッジの形状と寸法を図示するには

　ここでは、エッジ品質に関する規格を使ってエッジを設計してみましょう。エッジを設計することによってコストを下げ、部品品質を安定・向上させることができます。とくにエッジの設計に重要な下記の2つの規格について、その概要を説明します。

- JIS B 0051　製図—部品のエッジ—用語及びその指示方法

- JIS B 0721　機械加工部品のエッジ品質及びその等級

　上記の JIS では、「バリなきこと」、「糸面取りのこと」などのように図面指示されているエッジ形状の状態を、定量的に図面に指示する方法について規定しています。つまり、エッジ品質を指示する図示記号の形状や寸法について規定していますので、部品のエッジ品質を定量的に部品図面に指示できるのです。次のその概要を説明します。

　JIS で規定されている部品エッジの断面を**図 2-11**[3]に示します。図でバリ 3 は部品のエッジの外側の残留物です。

　アンダーカット 1 はこの部品のエッジの幾何学的に正しい形状に対する内側への偏差、つまり面取りされた部分であると定義しています。

　さらに鋭利なエッジ 2 というのがあります。鋭利なエッジ 2 は部品の、幾何学的に正しい形状からほとんどゼロに近い偏差を持つエッジと定義されています。ゼロに近い偏差を具体的な数値で示しますと ±0.05 mm の範囲内での微小バリ、エッジの丸み、または面取りのことです。

　JIS では、「バリ」は＋（プラス）、「アンダーカット」は－（マイナス）と図面で指示します。このような「バリ」と「アンダーカット」の記号と定義を**表 2-3** に示します。「バリなきこと」は表から－（マイナス）で表示されます。バリとアンダーカットの例を**図 2-12**[3] と**図 2-13**[3]

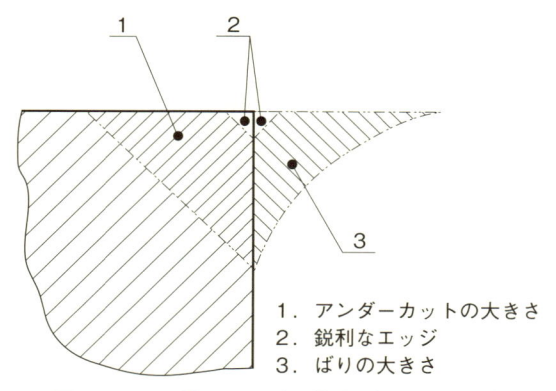

1. アンダーカットの大きさ
2. 鋭利なエッジ
3. ばりの大きさ

図 2-11　かどのエッジの状態（JIS B 0051）
（JIS では「ばり」を用いる）

表2-3 エッジの状態を表す記号

記号	エッジの意味	
	バリ	アンダーカット
＋	○	×
－	×	○
±	○	○

○:許容する、×:許容しない

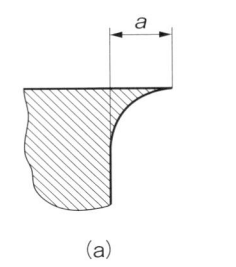

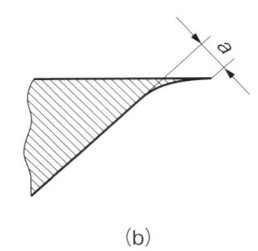

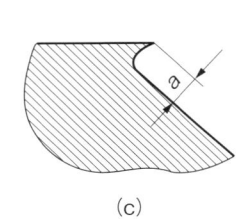

(a)　　　　　　　(b)　　　　　　　(c)

a:ばりの寸法

図2-12　ばりの例（JIS B 0051）

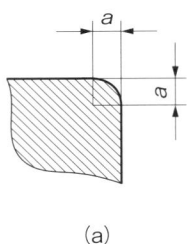

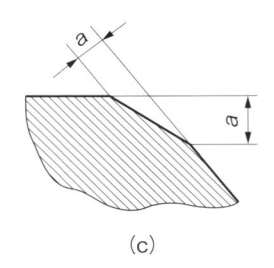

(a)　　　　　　　(b)　　　　　　　(c)

a:アンダーカットの寸法

図2-13　アンダーカットの例（JIS B 0051）

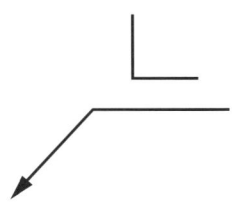

図2-14　基本記号

に示します。これらの図で a はバリまたはアンダーカットの寸法を指します。

バリまたはアンダーカットのエッジの状態（エッジの幾何学的な形状および寸法）を図面で指示するときは、**図 2-14** に示す基本記号を用います。引き出し線の上に⌐記号を書きます。この基本記号に＋（プラス）と－（マイナス）記号を加えて用いて、**図 2-15** に示すように⌐＋、⌐－、⌐±をエッジから引き出し線を設けて指示します。

±0.3 とは「バリ」は 0.3 mm まで許容されて、同時に「アンダーカット」も 0.3 mm まであってよいことになります。つまり「バリ 0.3 mm からアンダーカット 0.3 mm までの間にエッジ形状と寸法があればよい」という図面指示方法です。

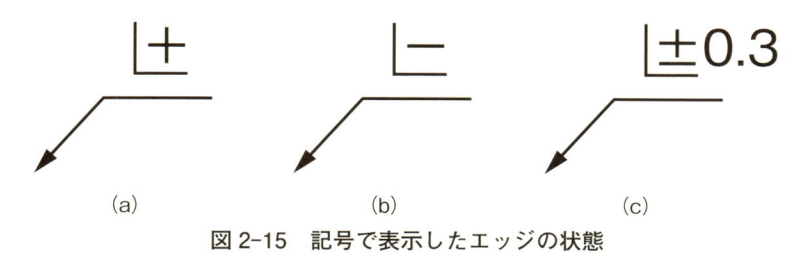

(a)　　　　　　　(b)　　　　　　　(c)

図 2-15　記号で表示したエッジの状態

この記号を用いて「バリなきこと」を図面指示しますと**図 2-16**（a）になります。図（a）の図示例を具体的に考察してみましょう。

－（マイナス）を図面指示するとエッジの形状と寸法とは図 2-16（b）に示すように少なくとも 3 種類のエッジ形状が考えられます。これらのエッジ形状では面取りや丸みの寸法が決まっていません。その寸法は小さくても大きくても、またはこれらが混合して存在してもよいことになります。エッジ品質としてかなり曖昧です。

部品のエッジの機能を考慮すると、必要なエッジ品質はこの製図規定を用いて、さらに具体的に図面指示すべきでしょう。

図 2-17 は部品エッジに必要とするエッジ品質を決定し、図面に指示した一例です。図（a）の例では「部品のバリをなくし、アンダーカット

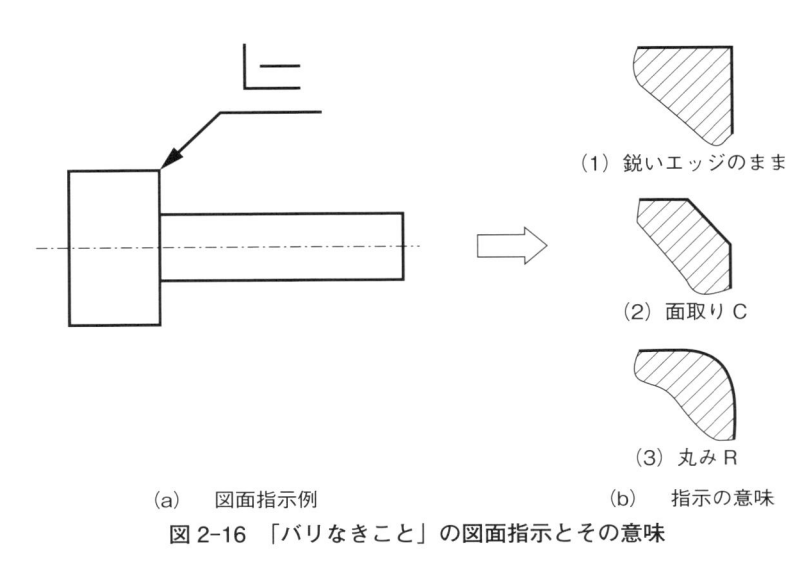

(a) 図面指示例　　　　　　　　(b) 指示の意味

(1) 鋭いエッジのまま
(2) 面取り C
(3) 丸み R

図 2-16 「バリなきこと」の図面指示とその意味

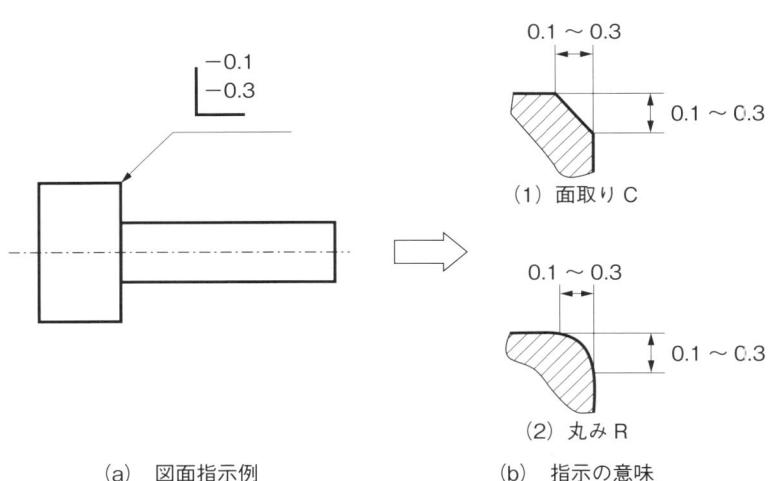

(1) 面取り C
(2) 丸み R

(a) 図面指示例　　　　　　　　(b) 指示の意味

図 2-17 「エッジ品質」の図面指示とその意味（単位：mm）

量 0.1 ～ 0.3 mm 以内で仕上げしなさい。エッジの形状は面取り C または丸み R のいずれでもよい」ことを意味しています。部品を加工する場合は、この指示に基づいて加工方法とエッジ形状と寸法を測定する品質保

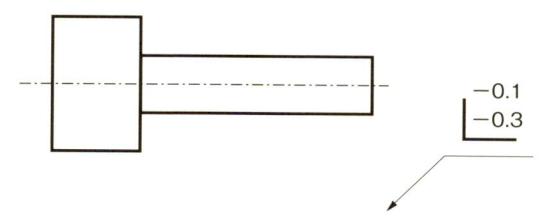

図 2-18　一括指示の図面指示例（単位：mm）

証方法を決めます。

　また、図面に表示された部品のすべてのエッジを、アンダーカット量0.1～0.3 mm 以内で仕上げたい場合には、**図 2-18** に示すように、図面上の適切な位置、すなわち図の付近または表題欄の付近に一括指示できます。

（2）　エッジ品質等級の記号を用いて指示するには

　部品エッジが製品・部品の性能に影響を与える場合、つまり部品エッジが機能を有する場合には、エッジの性質・性能についてさらに詳しく規定する必要があります。この部品エッジの性質・性能の代替特性がエッジ品質であり、その3要素を下記に示します。

　エッジの寸法および幾何公差はすでに説明しましたので、次にエッジの表面と表面層との性状を説明しましょう。

　エッジ品質の3要素
①　エッジの寸法および幾何公差
②　エッジの表面の性状
③　エッジの表面層の性状

　この3要素を、次頁の**図 2-19** ナイフの刃先加工を例にして説明します。

　図面指示されたように荒研削、仕上げ研削、特殊仕上げを行って刃先を造っていきます。この工程で次の3つがエッジ品質になります。①刃先の寸法および幾何公差、②刃先を加工したときの表面性状で表面粗さ

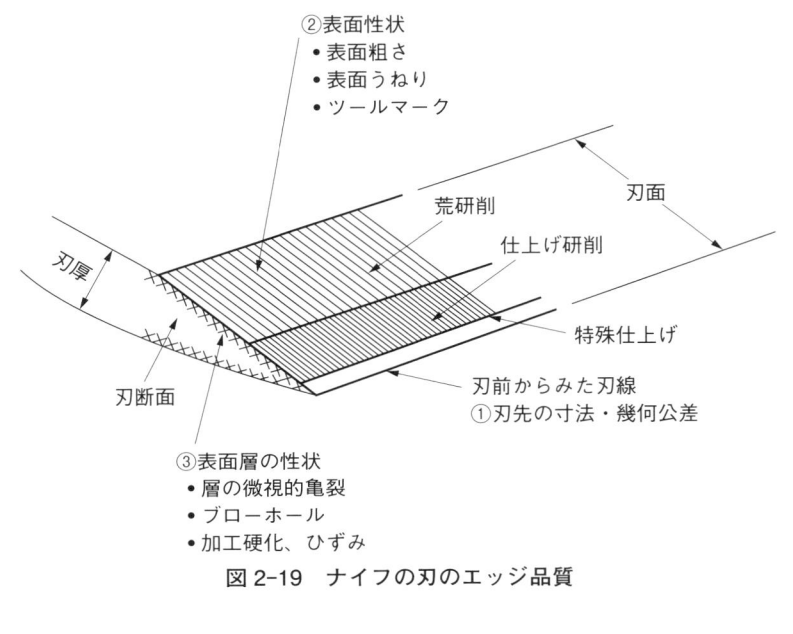

図2-19 ナイフの刃のエッジ品質

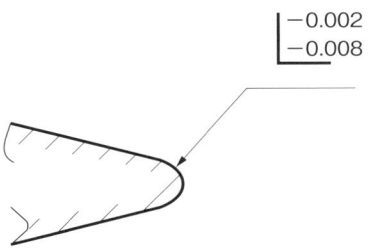

図中ラベル：
- ②表面性状
  - 表面粗さ
  - 表面うねり
  - ツールマーク
- 刃面
- 荒研削
- 仕上げ研削
- 特殊仕上げ
- 刃厚
- 刃断面
- 刃前からみた刃線
- ①刃先の寸法・幾何公差
- ③表面層の性状
  - 層の微視的亀裂
  - ブローホール
  - 加工硬化、ひずみ

-0.002
-0.008

（注）刃先の表面性状と表面層の性状は
JIS B 0721-A級とする。

図2-20 ナイフの刃先のエッジ品質設計例（単位：mm）

や表面のうねり、③刃先を加工したときに外部的因子が影響した表面下の層の性状で、表面層内の微視的亀裂やブローホールです。

　刃先部分を拡大して、**図2-20**にこれらの3つのエッジ品質要素を加えて図面に示しました。

図に示すように、刃先はバリ取り・エッジ仕上げを行い、0.002〜0.008 mm に仕上げます。このエッジ仕上げのときに、エッジには図2-19 に示すように表面と表面層にエッジ仕上げの影響があります。

表面には表面粗さ、表面うねり、ツールマーク、表面きずなどが生じます。さらに加工力によって表面から内部に入った表面層には微視的亀裂やブローホール、加工硬化、ひずみなどが生じます。これを規定したものが、エッジ品質の図面指示の規格である「JIS B 0721(2004) 機械加工部品のエッジ品質およびその等級」です。

この規格を抽出してまとめると**表 2-4**[4]、**2-5**[4]、**2-6**[4] に示すようになります。

表 2-4 はかどのエッジ寸法およびその公差に対する品質基準を示しています。寸法区分に対してエッジ品質の A、B、C 等級の区分を設けています。この等級区分は対象とするエッジについて、その部品が必要とする機能に応じて次のように区分しています。

① 　A 級（精級）：部品機能上、厳しい品質のエッジ
② 　B 級（中級）：部品機能上、中程度の品質のエッジ
③ 　C 級（粗級）：部品機能上、緩い品質のエッジ

表 2-4 　かどのエッジの寸法およびその公差

〔単位：mm〕

エッジの寸法区分		エッジ形状の寸法公差			エッジの呼び（参考）	呼び記号
以上	未満	A 級	B 級	C 級		
0.0003	0.002	+0.0015　0	+0.03　0	+0.06　0	0.0003	E-0（極超鋭利）
0.002	0.02	+0.006　0	+0.08　0	+0.2　0	0.002	E-1（超鋭利）
0.02	0.2	+0.003　0	+0.2　0	+0.4　0	0.02	E-2（鋭利）
0.2	2	+0.06　0	+0.4　0	+0.8　0	0.2	E-3（並）
2	6	+0.2　0	+1.0　0	+2.0　0	2	E-A（粗）

表 2-5　エッジの表面性状

表面性状	表面性状の等級		
	A 級	B 級	C 級
表面あらさ Rz〔µm〕	Rz≦0.8	0.8＜Rz≦3.2	3.2＜Rz≦12.5
表面うねり、ツールマークまたは筋目方向	拡大鏡×40で表面うねり、ツールマークは認めない	エッジ稜線と交差する筋目方向は認めない	—
表面欠損	拡大鏡×40でバリ、きず、欠損は認めない	拡大鏡×20でバリ、きず、欠損は認めない	拡大鏡×10でバリ、きず、欠損は認めない
識別記号	T-1 （超平滑表面）	T-2 （平滑表面）	T-3 （粗表面）

表 2-6　エッジ表面層の性状

表面層の性状	表面層の性状の等級		
	A 級	B 級	C 級
微視的亀裂およびブローホール	表面層の断面を拡大鏡×40で微視的亀裂、ブローホールなどを認めない	表面層の断面を拡大鏡×20で微視的亀裂を認める	表面層の断面を拡大鏡×10で微視的亀裂は認める
表面層	加工硬化が認められるが、表面ひずみは認めない	表面ひずみは認めない	表面ひずみは認める
識別記号	S-1 （精級表面層）	S-2 （中級表面層）	S-3 （粗級表面層）

　図 2-20 の場合に、A 級を図面指示したいときには次のようになります。表 2-4 から概当するエッジの寸法区分 0.002 mm 以上（呼び記号 E-1、超鋭利）のときのエッジ形状の寸法公差 A 級は＋0.006〜0 mm です。したがって、エッジ寸法値を 0.002 mm に設計すると、アンダーカットの大きさは－0.002〜－0.008 mm になります。

　表 2-5 はエッジの表面性状の品質基準となる項目、表面粗さ、表面うねり、ツールマークまたは筋目、そしてバリ、きずなどの表面欠陥につ

いて、A、B、C級の品質基準を設けてあります。A級の表面性状を図面指示したい場合には表2-5に示してある識別記号「T-1」を用いて記入します。

表2-6はエッジ表面層の性状についての品質基準を示しています。表面層の性状の品質基準項目は微視的亀裂およびブローホール、表面層の欠陥について、A、B、C級の品質基準があります。A級の表面層の性状を図面指示したい場合には、表2-6に示してある識別記号「S-1」を用いて記入します。

また、この規格を使ってエッジ品質を図面に指示しますと図2-20に示すようになります。エッジ品質の指示方法はJIS B 0721の記載例に従います。

エッジ寸法による呼び記号はE-1（超鋭利）であり、エッジ品質の等級区分はA級（精級）と指示する場合、注として「刃先の表面性状と表面層の性状はJIS B 0721-A級とする。」、または「刃先の表面性状と表面層の性状はJIS B 0721-T1-S1とする。」を記述します。

このように記述しますとエッジ品質の3要素が図面指示されたことになります。

2-6 ● 社内規格を作ろう

　エッジ品質についての重要事項を社内規格に組入れて体系化する必要があります。ます、ISO規格、JIS規格、所属する工業（団体）規格などを調査します。次に自社製品に最適な規格を規定し、さら、に作業標準書やハンドブックなどの関連文書にまとめて体系化することです。必要とされるこれらの関連文書を下記に示します。この関連文書に基づいて設計・製造を継続的に改善できるしくみを回すことが重要です。

　① 　規格に基づいて設計された製品・部品図
　② 　調達標準書
　それぞれの図面による特別事項を含む調達上の必要事項を、材料、外観特性、バリ取り基準、エッジ仕上げ基準、梱包仕様などについて規定化している標準書です。

　③ 　作業標準書
　次の作業について詳細な作業手順を規定している標準書です。
　バレル加工、研磨布紙加工、バフ加工、ブラシ加工、噴射加工、自動バリ取り機など。

　④ 　品質標準書
　表2-7に例示したように、部品のエッジ仕上げについて仕上げ手順、検査基準を体系的に定めている標準書です。

表2-7　エッジ仕上げと品質基準および検査の区分例

記号	区分	仕上げ方法	拡大鏡・検査	許容バリ高さ
S	高精度品、高価格品	エッジに対する「一次仕上げ」「二次仕上げ」の具体的な方法を指示する	10倍・視	寸法的に無欠陥
A	回転部品		5倍・視	バリ残り、二次バリの許容高さが0.02mm以下であること
B	普通の機能部品		裸視	
C	クリーンルームでの組立部品			

2-7 ● 設計・製造・評価のサイクルを回そう

図2-21はエッジ品質を保証するためのフローを示したものです。

フローでわかるようにエッジ品質評価は最終段階ですから、事前対策である設計段階でエッジ品質が規定される必要があります。

ここで、エッジ品質の3要素が決まれば、その品質を保証するための加工法と測定方法が決まってきます。この手順を踏んでエッジ品質の保証を行います。途中で不具合があれば該当する工程へフィードバックを行います。エッジ品質を保証するためにはここに示した設計・製造・保証サイクルを回すことが重要です。

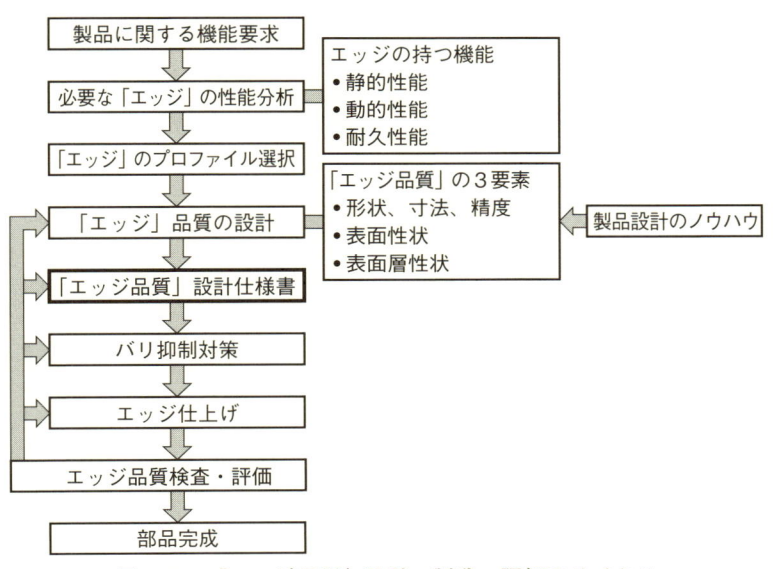

図2-21 「エッジ品質」設計・製造・評価のサイクル

第3章

バリ・エッジの測定・評価法

　「エッジ」を設計すると「エッジ」の寸法や形状精度、エッジ表面の性状が明確になります。次に、この「エッジ」の設計仕様に基づいて加工した結果を検査し、保証することになります。この品質を保証する活動が重要です。設計指示どおりに「エッジ」の加工を行って、品質の範囲から外れたときには定量的にフィードバックをかけるしくみが必要です。この定量的なデータを取るための測定器が必要です。この章で測定法やデータの処理方法を紹介します。

3-1 ● バリ・エッジ測定の目的

　バリ大きさの測定やバリ取り後のエッジ品質評価をどのように行っているかを調査した結果を**図 3-1** に示します。図から目視や触覚または限度見本による割合が多いことが分かります。このことはバリやバリ取り、エッジ仕上げがいかに定性的に扱われてきたかということです。

　このようなエッジ品質の定性的な測定と観察ではバリに関する課題を解決するデータとしては不十分です。具体的な課題には、どのようにすればバリを最小にすることができるか、バリの大きさとバリ取りコストとの関係はどのようになっているのか、どのような工具と加工条件を用いればバリを最小に抑えることができるのか、振動バレル加工を用いたバリ取りではどのような大きさのバリまで除去できるのかなどがあります。しかし、これらの課題解決にはバリの定量的なデータが必要です。

　つまり、それぞれの目的に合致したバリの測定法とそのデータ処理法

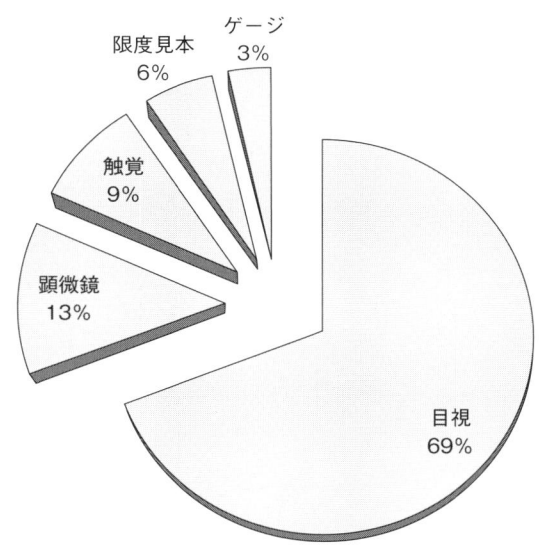

図 3-1　エッジ品質評価法の調査結果

を用いる必要があります。いろいろなバリ測定の目的を**表3-1**にまとめました。切削加工、プレス加工、プラスチック加工および鋳造・鍛造加工に分けてあります。

　バリを測定する目的をまとめると、主に次の2つがあります。

　第1は第1章の1-4の加工の見える化に役立つバリで述べましたように、工具の完成度・組立て度、工具摩耗の状況などの加工状態を見える化できる指標として役立てることにあります。工具摩耗の進行や工具の仕上げ条件の違い、金型クリアランスの左右前後バランス、金型の摩耗や機械精度の劣化などの指標になります。

　切削加工分野では工具が摩耗してくるとバリが大きくなってくる現象が一般的に知られています。現場ではバリの大きさによって工具を交換する方法が用いられます。すなわち、バリの形状と寸法は工具摩耗の指標となっているので、工具交換の判断基準としてバリを測定します。

　また、プレス加工の分野ではポンチとダイの摩耗量はバリの大きさと深い関係があります。これらの摩耗量が増加すればバリの大きさも大きくなります。さらに、バリの大きさは、プレス精度が高いほど、金型の材質が硬いものほど、切れ刃の仕上げ程度が良いものほど小さくなります。

　プラスチック成形加工では、設計方針、精度、変形、保守管理または樹脂の種類、流動性または射出圧力、型締め力、樹脂温度などの成形条件がバリの大きさに大きな影響を及ぼすことが報告されています。

　第2にバリ取り・エッジ仕上げのために、バリの測定を行います。それぞれのバリ取り法には、除去できる最大バリの大きさがあります。この大きさを超えると、バリ除去方法を変えなければなりません。部品を加工すれば、工具摩耗・機械精度の劣化などでバリは常に大きくなる傾向にありますので、バリを測定して工具寿命を推定することとともにバリ取り装置のバリ処理能力以下のバリに収める必要があります。

　バリ取りコストを低減させるために、バリを出さないようにまたは最小に抑制する工夫をするためには、バリを測定することから始めることが重要です。

表 3-1 バリ測定の目的

	目 的	分 野				
		切削加工	プレス加工	プラスチック加工	鋳造・鍛造加工	バリ取り・エッジ仕上げ
加工工程管理	1. 工具・金型の摩耗状況を知る	○	○	○		
	2. 最適工具形状を決定する基準にする	○				
	3. 切削・研削能率を推定する	○				
	4. プレス機械の精度判定の基準とする		○			
	5. ポンチとダイのクリアランスの指標とする		○			
	6. 金型のかたさ、切れ刃の仕上げ精度を推定する		○	○		
	7. 金型の設計精度、加工精度の指標とする		○	○		
	8. 金型材の選択、たわみ計算など設計が適正であったかどうかの指標とする		○	○	○	
	9. 金型組立が適正だったか判定する		○	○	○	
	10. 成形条件が適正かどうかの指標とする			○	○	
	11. 鍛造型の負荷状況を知る				○	
	12. 鋳型の精度を知る				○	
バリ取り	13. バリ取りコストを推定する					○
	14. バリ取り方法を選択する					○
	15. 正確なバリの大きさを知って、最適なバリ取り方法を選択し、バリ取りコストを低減させる					○

3-2 ● バリ・エッジの形状・寸法に関する表現

バリの外観・形状と断面の寸法は**図 3-2** のように示されます。一般にバリの寸法はバリの高さと根元厚さで表示されます。バリは常に同じ高さと根元厚さではありません。図に示したようにバリに先端の輪郭があります。

このように輪郭があるので、バリの高さを測定する位置によって、その高さが異なります。バリの根元厚さについても、同様のことが言えます。つまり、バリの根元の輪郭がありますので、測定する位置によってバリの根元厚さの大きさが異なります。バリとエッジを含めて、どのような測定項目があるかをさらに詳しく調べてみましょう。

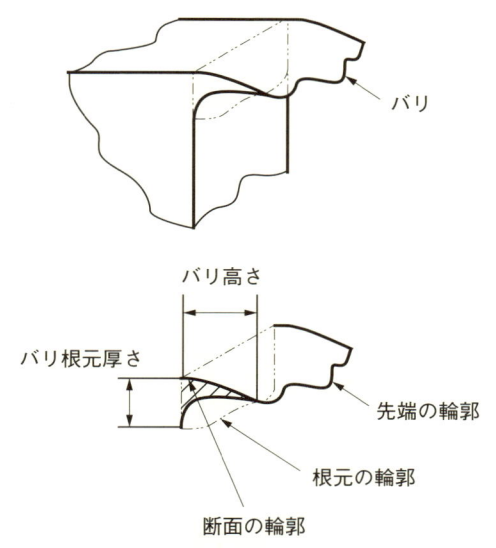

図 3-2　バリの形状と寸法に関する表現

3-3 ● バリ・エッジ測定法の評価項目

バリを測定することは、バリの高さを測ると理解されることが多いようです。しかし、バリの性質を示すものは高さだけではありません。**表3-2**に示すようにその厚さ、位置、剛さ、高さ(長さ)、体積、形状、組織などの要素があります。

バリを加工状態の見える化の指標として用いるときには、加工の進行を考慮してこれらのどの要素を用いるかを検討すべきでしょう。

バリを除去してエッジに丸みをつけるためには、バリ根元厚さを除去する必要があります。**図3-3**に示すようにバリ根元厚さを除去して、エッジに丸みRを形成させることになります。したがって、バリ取り・エッジ仕上げのためには、バリ根元厚さが最も重要といえます。化学的バリ取りでは、バリの結晶構造を知ることが重要です。金属によっては、前加工の機械加工工程で加工硬化されます。その後加工である化学バリ加工では加工硬化された部分が活性化して母材より早く溶解されて、バリ取りが容易になるからです。

表3-2 バリの性質を示す要素

エッジの状態	要素	要素に影響するもの
バリ	1. 厚さ	加工条件、工作物材質
	2. 位置	工作物形状
	3. 剛さ	工作物材質
	4. 高さ(長さ)	工作物材質、金型材質、加工条件
	5. 体積	工作物材質、金型材質、加工条件
	6. 横断面形状	加工方法
	7. 結晶構造(金属組織、微小組織)	工作物材質、加工方法、加工条件
アンダーカット	8. 丸みR	バリ、エッジ仕上げ法
	9. 面取りC	バリ、エッジ仕上げ法

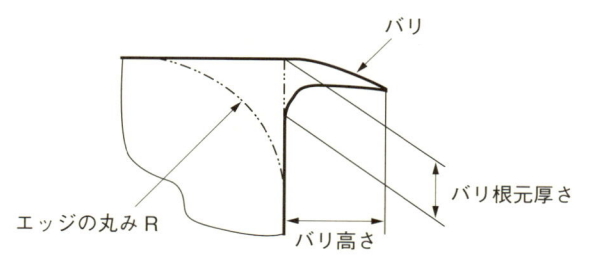

図3-3　バリ大きさとエッジ仕上げ寸法との関係

　そこで、バリの除去によってエッジの形状・寸法が設計指示のように仕上げられたかを測定する必要があります。バリがあるとエッジ形状と寸法は、必ずしも均一には仕上がりません。バレル加工、ブラシ加工などでエッジ仕上げした場合のエッジの状態の一例を**図3-4**に示します。バリがある辺の面取り量"a"は加工によってバリを発生させた辺"b"より小さくなっています。このことは、エッジ設計やバリ取り・エッジ仕上げ加工で注意が必要です。ロータリカッタや砥石で強制的にバリ取り・エッジ仕上げした場合には、図3-4のエッジ形状ではなく、面取りCの形状になります。

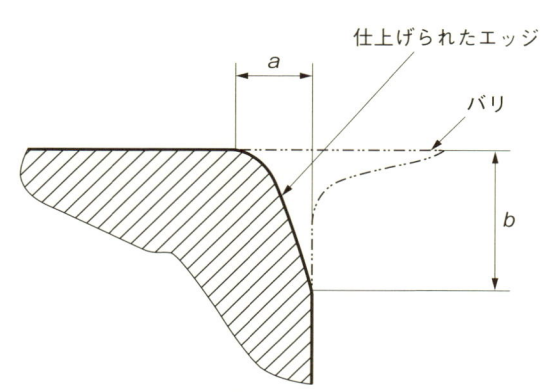

図3-4　バリの除去とエッジの丸みの形状

3-4 ● バリ・エッジ測定法

　バリの大きさの測定やバリ取り後のエッジ品質評価をどのように行っているかの調査資料をまとめたものが**表3-3**です。表から、バリ測定は現場的で視覚や触覚による定性的方法と定量的方法があることが分かります。これらの定性的な方法は個人差があり、データを取ることもむずかしくなりますので、既知のものと比べた比較測定や拡大観察法が有効です。できるだけ科学的に定量化した方法を適用すべきです。

(1) マイクロメータ・ダイヤルゲージによる測定法

　マイクロメータによるバリの測定は、**図3-5**に示すように測定します。測定は簡便ですが、測定圧によるバリのつぶれに注意する必要がありま

表3-3　バリ・エッジの測定法と評価項目

測定法	評価項目							
	定性的	定量的	バリ高さ	バリ厚さ	断面形状	じん性	エッジ丸み	エッジ面取り
マイクロメータ、ノギス、ダイヤルゲージ		○	○					○
拡大鏡、投影機、顕微鏡		○	○	○	○		○	○
形状測定機		○	○				○	○
CCDカメラ		○	○				○	○
レーザ変位計		○	○	○	○		○	
レプリカ法（シリコンゴム・樹脂）		○	○	○	○		○	○
鉛筆芯法	○					○		
テープ・綿棒こすり法	○							
触覚	○							
過負荷試験	○					○		
限度見本	○						○	○

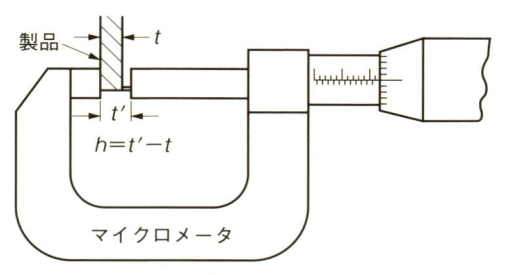

図3-5 マイクロメータによる測定法

す。内部に発生したバリを測定するのは難しいことが欠点です。ノギスでも同様な方法で測定できます。

ダイヤルゲージを用いてバリ高さを測定する方法を、**図3-6**に示します。この方法も簡便ですので、現場では大いに適用できます。1μmまで読み取ることができます。

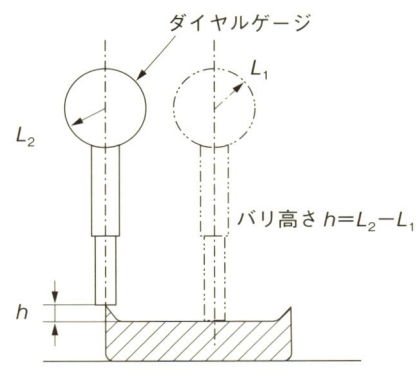

図3-6 ダイヤルゲージによる測定

（2） 顕微鏡による測定法

顕微鏡によるバリ測定を次頁の**図3-7**に示します。

図（a）は工具顕微鏡で載物ガラス上に被測定部品を置き、観測顕微鏡を上または下に移動させて焦点を合わせます。焦点が合致したときの観測顕微鏡の位置を読み取って、バリの大きさを測定します。この顕微鏡

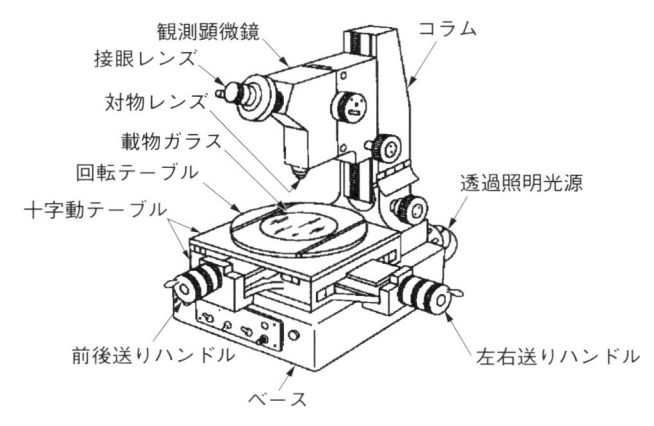

(a) 工具顕微鏡の一例

(b) 実測法　　　　　　　　　　　　　　(c) 焦点深度法

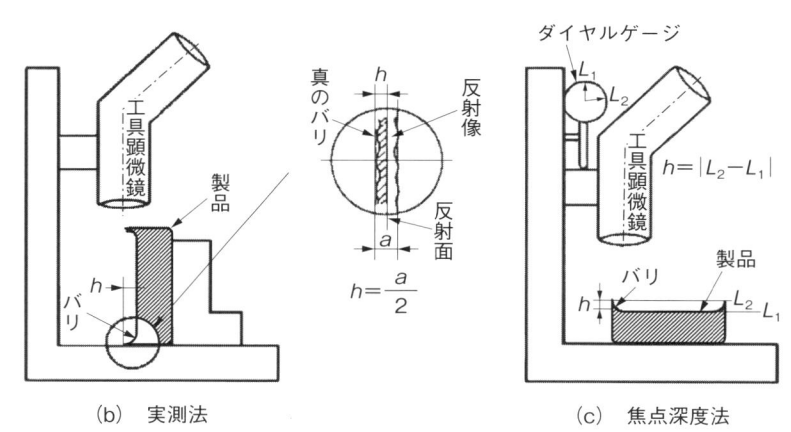

図 3-7　工具顕微鏡による測定

による測定には、実測法と焦点深度法があります。

　実測法はバリを拡大して、バリ寸法を直接測定できます。工作物の端面ではバリ根元厚さも測定できます。

　焦点深度法は顕微鏡の焦点を製品表面に合わせて、ダイヤルゲージの目盛 L_1 を読みます。次にバリの頂点部に焦点を合わせて、ダイヤルゲージの目盛 L_2 を読み、目盛 L_2-L_1 がバリ高さになります。この顕微鏡に

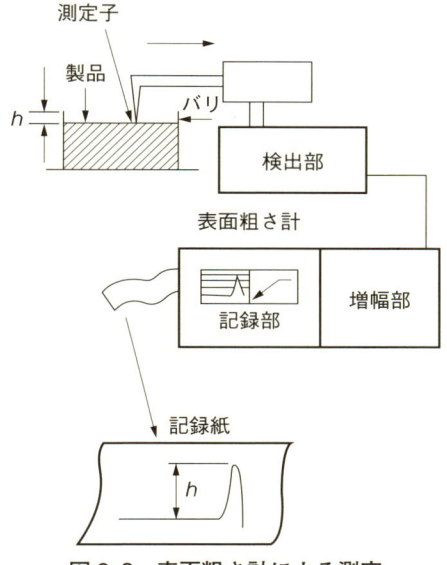

図 3-8　表面粗さ計による測定

よる方法はバリ高さ、厚さを 0.1 μm の高精度で読み取ることができます。

（3）　表面粗さ計による測定法

　表面粗さ計によるバリの測定を**図 3-8** に示します。表面粗さ計は測定子、検出部、増幅部、記録部から構成されています。測定子を移動させて測定し、バリ高さの方向に倍率をあげて記録紙に出力します。表面粗さ計の倍率を高くできるので、数ミクロンのバリ高さも測定できます。バリ根元厚さも測定できます。

（4）　CCD カメラによる測定法

　CCD（Charge Coupled Device、電荷結合素子）カメラによる測定法を**図 3-9**[18] に示します。CCD カメラからの測定データをパソコンの画像処理ボードに入力し、バリ高さ、根元厚さを自動的に計算することがで

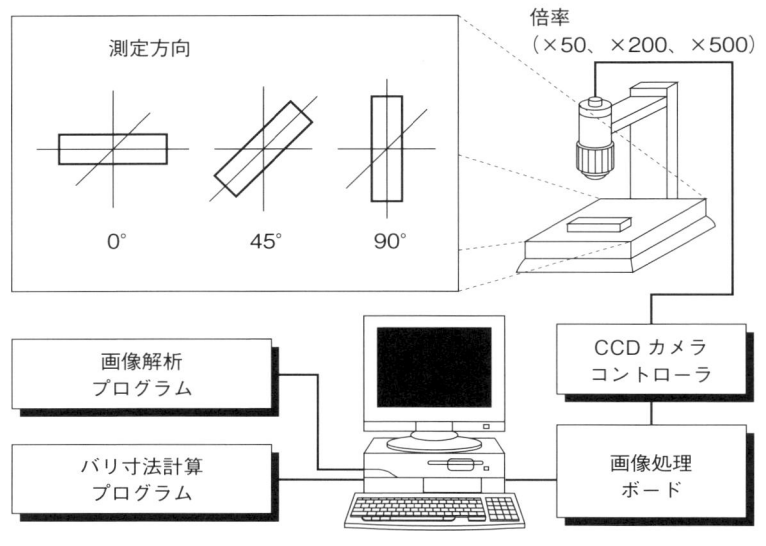

図 3-9　CCD カメラによる測定

（5）　レーザによる測定法

　レーザによる測定システムの特徴を**図 3-10** に示します。レーザのスポット径が 0.2 μm 程度と小さく、非接触で測定できるのが特徴です。接触式表面形状測定機のスタイラス先端部は 2 μm 程度です。レーザのスポット径はその 1/10 程度なので、微細形状を表示分解能 1 nm で測定することができます。また、被測定物表面に非接触で測定できますので、被測定物が柔らかい、粘着性がある部品でも、被測定物の表面状態に影響を受けずに測定できます。

　測定システムは顕微鏡本体とコンピュータ、ディスプレイから構成されています。表面性状の測定には、測定したい対象部品をレーザ測定ヘッドの下部にセットします。次に、**図 3-11** に示すように 1 回測定スキャンすると測定部品を一定距離動かして次のスキャンを行う、いわゆる

図 3-10　微細形状の測定

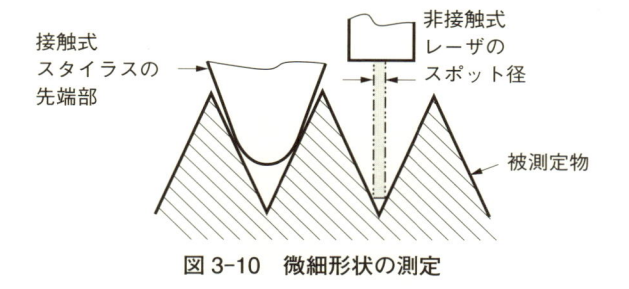

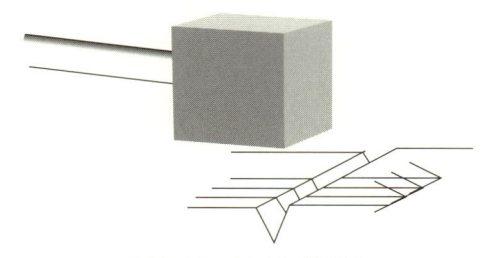

図 3-11　ライン測定法

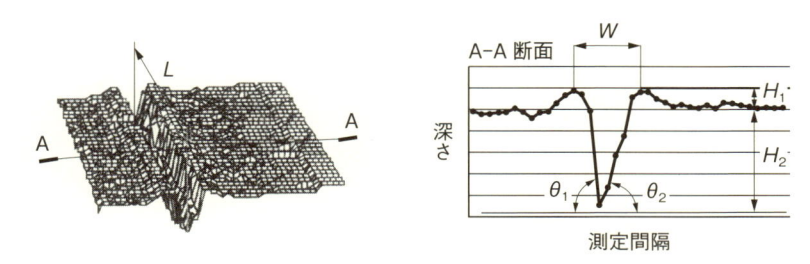

(a)　欠陥部ワイヤフレーム表示　　(b)　欠陥断面寸法

図 3-12　バリの三次元画像

ライン測定ができます。

　図 3-12[18] はレーザ測定ヘッドによって測定された線状きずとそのエッジに生成されたバリの三次元画像（ワイヤフレームという）を示しています。A-A 断面は1つの測定ラインで、L は線状きず（またはバリ）

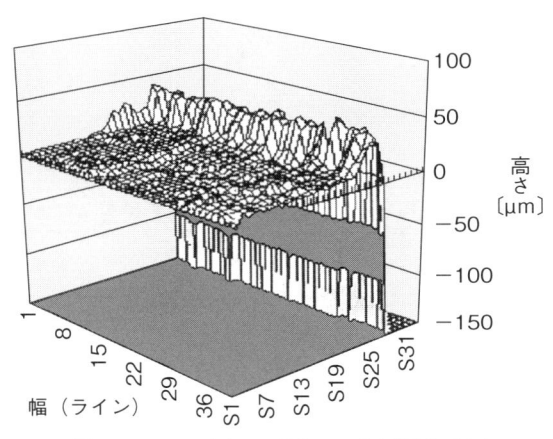

図 3-13　マイクロバリの三次元画像表示

の長さを示しています。図 3-12（b）は線状きずとバリとの断面を示しています。W は線状きずの幅です。H_1 はバリの高さ、H_2 は傷の深さ、θ_1 と θ_2 は線状きずの断面角になります。

仕上げ面上に発生する各種バリの測定と、バリの三次元画像表示、およびバリの主要寸法が観察できます。**図 3-13**[18] は、研削加工後の工作物エッジに生成した、マイクロバリの画像を表示しています。部品エッジに生成したバリ高さや、断面形状を観察することができます。

次に比較的簡易ないくつかの測定方法を述べます。

（6）　レプリカ法

バリのある部品エッジ部を**図 3-14** のように二液混合して硬化するシリコーンゴム（歯科医が歯型をとるときに用いるもの）、またはエポキシ樹脂で被覆し硬化させます。硬化後に取りはずしてバリ・エッジ部を明確にするための有色樹脂を充填してカッタで薄片にスライスします。これを投影機などの拡大鏡で拡大して観察する方法です。測定精度は 0.1 mm 程度ですが、任意の個所でのバリ断面を観察できる、安価な方法です。

図3-14　レプリカ法

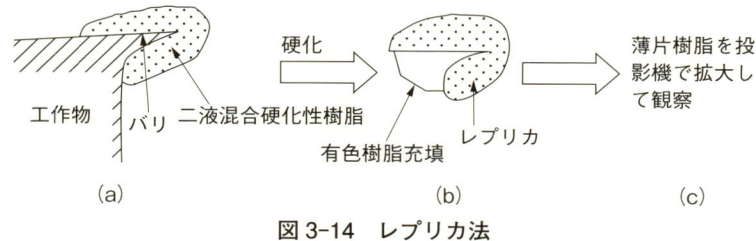

（7） 鉛筆芯を利用したバリ除去性（じん性）の測定法

シャープペンシルの芯を、図3-15のように一定の長さを出してバリの側方から当てて、芯の折損で判断する方法です。この方法は硬さの異なる芯を用いて、折損する芯の硬さでバリのじん性、すなわちバリ除去性を判断するものです。例えば、芯を2mm出した試験で、HBの芯でバリは除去できるが、2Bの芯ではバリが残留することを確認する、定性的な測定方法です。

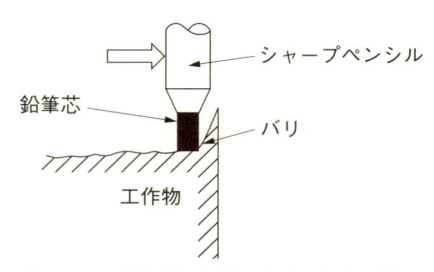

図3-15　鉛筆芯の硬さによるバリ除去性の判定法

（8） テープによるエッジの危害性の判定方法

シャープなエッジは、けがの原因となります。これに対応してPL法（製造物責任法）に厳しい米国で開発されたテスタが次頁の図3-16に示すシャープエッジテスタです。図のように、3枚に重ねたテープを、円筒形テスタに張付けて人の皮膚に近い構造にしてあります。このテープ表面を部品エッジに押しつけながら、所定の移動速度で移動させます。

　　　　　　　　　　　アーム
　　　　試験片　　　　移動距離
　　　　　　　　　　　50.8 mm

(a) テスト方法

内層（黒色テープ）　　　　頭部直径
中間層（感知黒色テープ No.2）　12.7 mm
外層（感知黒色テープ No.1）

0.68 kg

(b) 試験片断面

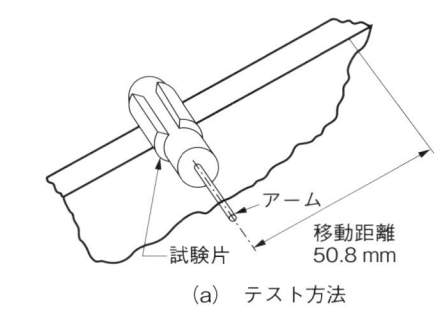

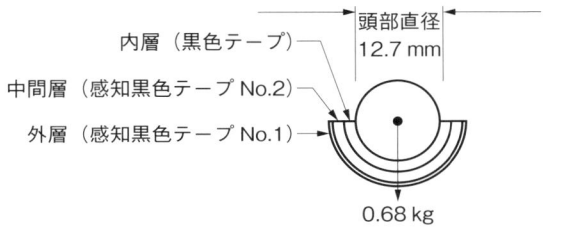

図 3-16　シャープエッジテスタの構成

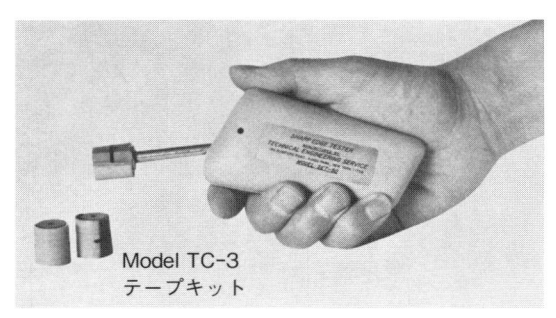

Model TC-3
テープキット

図 3-17　シャープエッジテスタの外観
（Techinical Engineering Service corp. USA）

移動中のテープ表面には、ホルダ内のばねで所定の押付荷重が加えられています。試験片を移動後に、テープ表面の裂傷状態を観察し部品エッジの危害性を判定する方法です。

　電子機器、家電製品、事務機器などのノブ、チューナ、スイッチのエ

ッジや突起に使用者が触れてもけがをしないように、バリがなくて十分な丸みがあるかを判定する試験器具です。あらゆる機器部品のシャープエッジの安全性の判定に、シャープエッジテスタを用いて試験を行うことができます（**図 3-17**）。

　米国の UL 規格 UL-1439（機器の縁の鋭さの判定）は、シャープエッジの客観的で均一な判定を得るための試験法の規格であり、シャープエッジテスタの詳細な仕様が明記されています。

（9）　拡大鏡によるバリ大きさの判定法

　表 3-4 に示すように、5 倍、10 倍、20 倍、30 倍、50 倍、100 倍の拡大鏡を用いてバリを観察する方法です。拡大鏡の倍率で確認できるバリに対して、バリの大小を判定する簡易的・現場的方法です。例えば 10 倍の拡大鏡で発見できなかったバリが、×30 倍で発見された場合には、このバリの大きさは×30 のバリと表示する方法です。この方法は、単なる裸眼観察（一般に識別限界は最小 0.1 mm 程度）より正確です。最近は拡大鏡に目盛がついているものが多いので、バリの大きさも測定できます。

表 3-4　バリの拡大測定法

拡大等級	バリの確認方法
A	100 倍の拡大鏡で確認できる
B	50 倍の拡大鏡で確認できる
C	30 倍の拡大鏡で確認できる
D	20 倍の拡大鏡で確認できる
E	10 倍の拡大鏡で確認できる
F	5 倍の拡大鏡で確認できる
G	裸眼で確認できる

例：バリは
50 倍の拡大鏡でバリが確認できた。
20 倍の拡大鏡で確認できなかった。
　　　　⇩
「B 級のバリまたは×50 のバリ」と表現する。

第 3 章 ● バリ・エッジの測定・評価法

3-5 ● 測定したデータの処理方法

　バリの大きさを測定するとき、バリ測定の目的に合致したデータが得られるようにすることが必要です。加工の見える化に役立つバリの大きさは、繰返し性、反復性のあるバリの大きさです。このバリの大きさを測定しなければ、データを得ても役に立ちません。そこで、一般に統計的に処理するためのバリ寸法の繰返し性を**表 3-5** にまとめて示します。

表 3-5　統計的に処理するためのバリ寸法

バリ高さ、バリ厚さ	繰返し性
1. 最大値	なし
2. 最小値	なし
3. 平均値	あり
4. 範囲（最大値－最小値）	なし

　図 3-18 にバリ高さの最大値、最小値、平均値を示します。最小値の測定は適切な測定器がなければ測定できません。平均値は数点のバリ高さを測定した値を平均値とするものです。プレス加工のバリ測定では平均値バリ高さの反復可能性は、最大値バリ高さの 50 倍であるとの報告もあります。

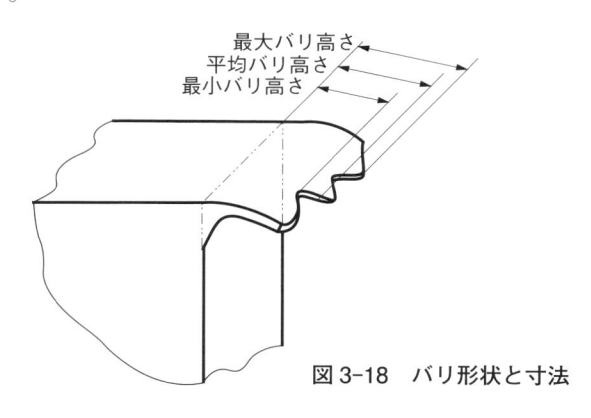

図 3-18　バリ形状と寸法

第4章

バリ抑制か除去かの選択指針

　バリがあるとすぐにバリ取り法を探して、テスト加工を始めるのが一般的です。しかし、バリが大きく、思ったようにバリが取れない、一部分のバリ取りがうまくできないなどの課題が残ってしまいます。バリ取り法にはバリ取りできるバリの大きさ、つまりバリ取り能力があります。
　一方、バリは加工中に大きくなる多くの要因があります。バリの抑制がうまくできて初めてバリ取りがうまく処理できます。ここではバリ除去か抑制かの分岐点を数値で評価する方法を紹介します。

4-1 ● バリ抑制と除去とのコストの総和を考えよう

　一般にバリが出るとすぐに除去する方法を考えがちです。しかし、バリ取り方法だけを検討していたのでは、部品コストを低減することは難しいのです。バリがあっても機能に差し支えなければ除去する必要はありません。また、バリが支障にならないように部品設計するのが望ましいのです。さらに、バリを発生させないような部品設計や部品加工がコストの面も検討して適用できれば、これが最善の方法です。

　このようにバリ取りは発生したバリを除去するだけのもので、事後の対策になります。バリ取り作業を改善したいときには、事前の対策であるバリを抑制できる部品形状や、バリを発生させない工法を工夫すべきでしょう。これを図 4-1 に示します。図はバリ抑制の程度による部品のバリ抑制コストとバリ取りコスト、およびそのトータルコストを示して

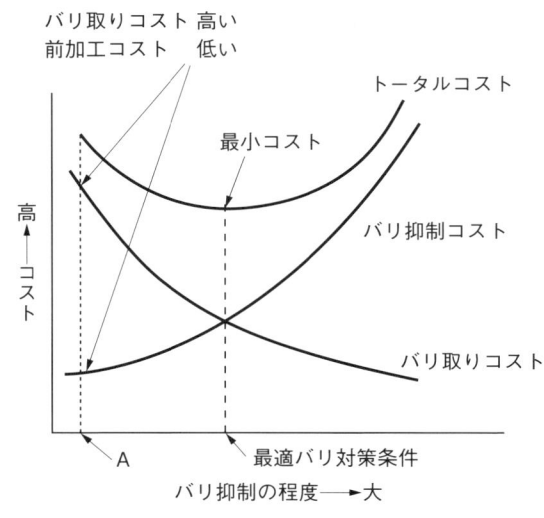

図 4-1　バリ対策とコストとの関係

います。

　図の A 点ではバリ取りコストが高くなっています。バリを生成する前加工では加工コストを安くできる条件が選ばれていて、バリ抑制に対しては注意を払っていないと考えられます。この場合に、コストダウンの課題はバリ取りコストを下げることにだけあると考えてしまいがちです。このバリ取りコストが高いときには、バリを生成する前加工が部分最適になっていて、バリ抑制を考慮しないで部品加工されていることがあります。よく調べてみる必要があります。

　最適バリ対策条件の位置は全体最適の条件を示しています。

　前加工でバリを抑制して次にバリ取りすれば、それらのトータルコストは最小コストが得られることを示しています。

　この全体最適条件を求める活動を設計部門も含めて実施するときに、バリに対する全体的な対策となります。部品の機能・性能上要求されるエッジ品質、例えばバリ取り後のエッジ形状の寸法とその公差、エッジの表面粗さなどを正しく把握して、部品の設計図面に指示します。次に加工工程から検査、出荷までをスルーしてバリ抑制とバリ取りのコストを考え実行します。いいかえれば、全体的なバリ対策は、部品機能に要求されるエッジ品質を設計・保証して、トータルコストを最小にするバリ抑制法とバリ取り法を見出し実施することです。

　具体的な事例で説明します。

4-2 ● プレス打抜き部品のバリ抑制と除去

　バリ抑制と除去コストの和が最小になるように十分考慮して製品設計、工程設計が検討されるべきです。具体的に、プレス打抜き加工におけるバリと金型寿命との関係で説明しましょう。バレル加工やブラシ加工などの一般的なバリ取り方法を用いる場合には、バリ高さは 0.1 mm 程度、最大でも 0.3 mm 以下です。このことを目安に、次に示す方法が検討で

きます。

　第1の方法は、ポンチ・ダイの設計を工夫して摩耗を防いで金型寿命を向上させてバリ抑制する方法です。

　図 4-2 に示す打抜き製品の輪郭のかど、およびすみの丸みの大きさが金型寿命に大きな影響があります。**図 4-3** に示すように、打抜き製品のかどとすみの丸み半径 r_c と r'_c を作るための金型のかどの丸み半径 R は、製品板厚の 25％ 以上とした方がよいとの結果です[5]。この例では製品の板厚が 1.6 mm なので、金型であるポンチのかどの丸み半径は 0.4 mm 以上のとき、金型の寿命が長くなります。言い換えればバリの大きさがコントロールできます。大量生産する場合には、部品の打抜き輪郭のかどの丸み半径 r_c と r'_c は、被加工材厚さの 25％ 以下にしない方が金型の寿命が長くなることを示しています。

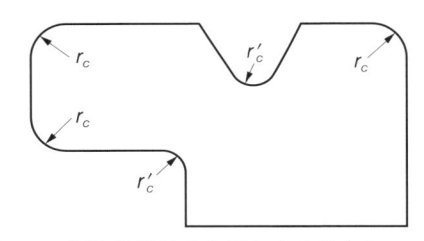

図 4-2　打抜き製品のかどとすみの丸み r_c、r'_c

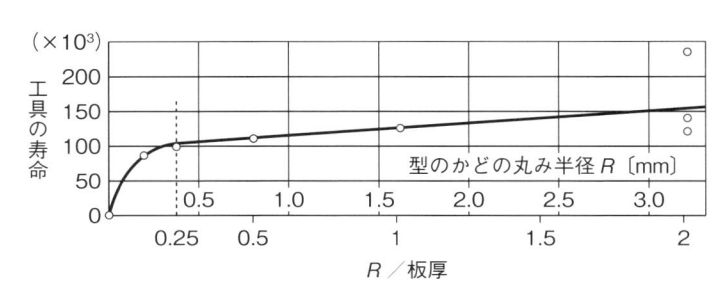

図 4-3　打抜き輪郭のかどの丸み半径が工具寿命に及ぼす影響
（製品のバリ高さが 0.1 mm となるまでの打抜き数をもって工具寿命とする。被加工材：1.6 mm 厚 SPH-1、クリアランス：6.3％）
（日比野、柴田、宮川、木下）

第2に金型の寿命をあらかじめ決めて、その再研磨を適切に行っていく方法です。バリが大きくなりバリ除去が困難になる前に、金型を再研磨します。図 4-4 に示す金型の寿命曲線で、バリ取りが容易に行えるバリ高さ h_1 の打抜き枚数 n_1 のときに金型を再研磨することを示しています。

そして第3の方法は、あらかじめ大きなバリを考慮して、バリ取り能力の高いベルト研削やロータリカッタによるバリ取りを製造工程に導入して除去できるバリ高さ h_2 まで高くします。金型再研磨時期を打抜き可能枚数 n_2 に設定する方法です。

これらのいずれの方法を採用するかによって、トータルコストは変わってくるので、各工程の加工とコストを見極めておく必要があります。このためには、自社で利用できるバリ取り方法に関する最新のバリ取り・エッジ仕上げ能力を把握しておくことが重要です。

このように、バリ対策はこれらの方法をどのように組み合わせれば、トータルコストを最小にすることができるかを目的としたものです。

バリの課題は、設計者がバリ取りコストの内容も考慮して金型設計を行って、さらに製造までの一連の過程のなかで問題を解決する活動であると言えます。

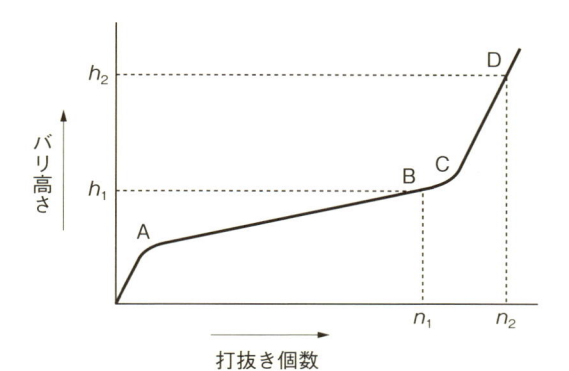

図 4-4　プレス金型の再研磨時期の設定

4-3 ● 部品製造の流れとバリ対策

　具体的に、バリ対策の技術的進め方をどのようにすればよいかを表したものが**図 4-5** です。

　製品は図に示すように構想からはじめられ、設計、加工、組立ての順に流れます。この流れの中の設計段階と加工段階において、設計者、製造技術者と作業者が協力してバリのトラブルを認識し、エッジ品質の決定と保証とを行って、トータルコストを最小にするシステマティックな活動が必要です。これが具体的なバリ対策の技術的進め方です。

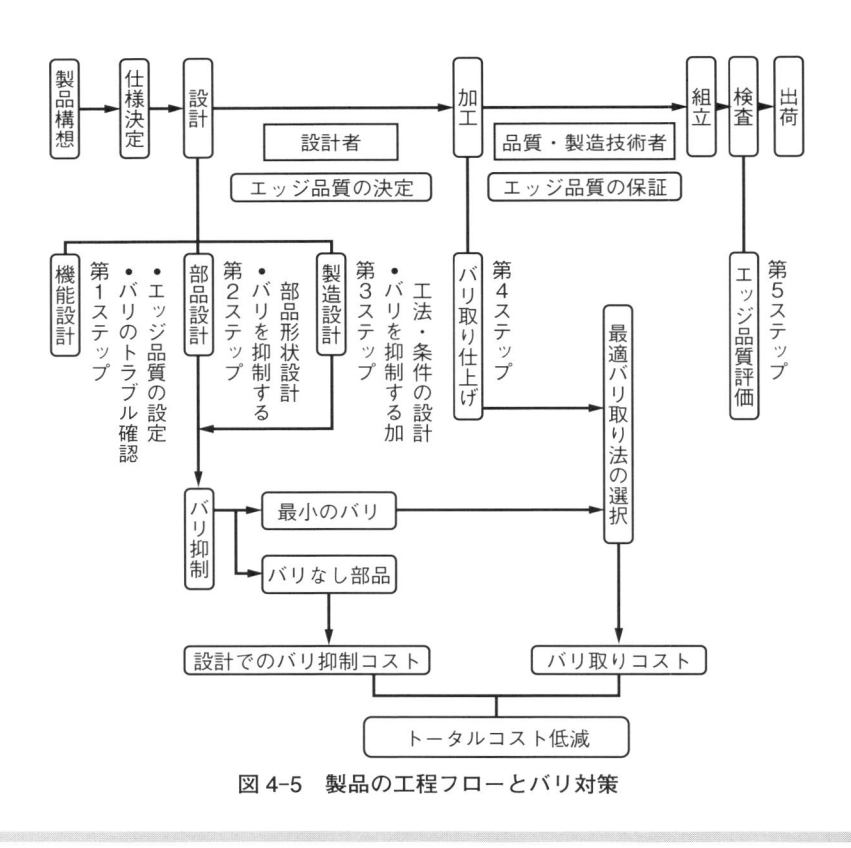

図 4-5　製品の工程フローとバリ対策

このように、機能設計、部品設計、製造設計などの設計段階における種々のバリ対策の検討は、最適なバリ取り方法とその条件の選択とともにバリ対策の重要な柱です。

　バリ対策を実施するには図4-5に示したように、次の5ステップを踏むのが理想です。

　まず、第1ステップで機能設計における検討として部品機能とバリの関連を明確にして、バリによるトラブルを認識します。

　次の第2ステップでは、部品設計における検討として、材質・部品形状・加工法の変更によってバリ抑制ができないか検討します。

　そして第3ステップでは、製造設計として、工具形状・加工法・加工手順の工夫でバリ抑制ができないか、またはバリの出ない加工条件はないかなどの検討を行います。

　さらに発生したバリについて、第4ステップで最適なバリ取り方法とその条件を選択することです。

　最終の第5ステップでエッジ品質を測定検査して部品機能にフィードバックすることが重要です。

　以上に述べた5段階のステップを確実に実行すれば、トータルコストを最小にすることができます。

4-4 ● バリ対策の実施内容

　図 4-6 は、具体的なバリ対策の実施内容をまとめたものです。トータルバリコストを低減させるためには、設計部門が果たす役割が大きいことが分かります。

　次の第 5 章でその具体的な内容を説明します。この設計部門の活動と製造部門の活動が連携して行われることが重要なのです。その結果としてトータルコストが低減できます。バリ取り作業だけを取り上げて、これを合理化しようとしてもなかなか思うようにはいかないので、途中で挫折してしまうことはよくあることです。設計から検査までの全体工程のなかでバリ処理することが重要です。

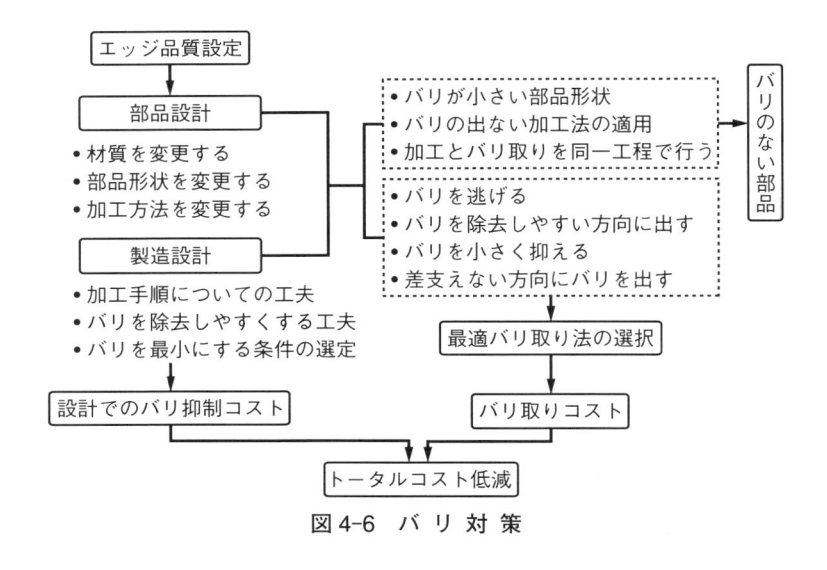

```
          ┌─────────────┐
          │ エッジ品質設定 │
          └──────┬──────┘
          ┌─────────────┐       ・バリが小さい部品形状
          │   部品設計    │──────・バリの出ない加工法の適用    ┐
          └─────────────┘       ・加工とバリ取りを同一工程で行う │バ
          ・材質を変更する                                    │リ
          ・部品形状を変更する                                 │の
          ・加工方法を変更する    ・バリを逃げる                │な
          ┌─────────────┐       ・バリを除去しやすい方向に出す  │い
          │   製造設計    │──────・バリを小さく抑える           │部
          └─────────────┘       ・差支えない方向にバリを出す    │品
          ・加工手順についての工夫                              ┘
          ・バリを除去しやすくする工夫
          ・バリを最小にする条件の選定
                                        ┌──────────────┐
                                        │最適バリ取り法の選択│
                                        └──────┬───────┘
   ┌─────────────────┐          ┌──────────────┐
   │ 設計でのバリ抑制コスト │          │  バリ取りコスト  │
   └────────┬────────┘          └──────┬───────┘
            └──────────┬───────────────┘
                ┌──────────────┐
                │ トータルコスト低減 │
                └──────────────┘
```

図 4-6　バ リ 対 策

4-5 ● バリ抑制か除去か - 数値で評価しよう

バリ対策はバリ抑制とバリ除去との両方を推進することが重要です。しかし、どの程度までバリ抑制を行えばよいのか、バリ抑制に手間取ってしまうことはないのかという葛藤があります。これを解決する方法としてバリ抑制を選択するか、除去を選択するかを数値で評価する方法と

表 4-1　バリ取り性数値評価法の体系

評価要素	評価項目	判定項目
バリ設計	バリの性質	
	厚さ	0.1 mm 以下 / 0.1〜0.5 mm / 0.5 mm 以上
	発生位置	外部 / 内部
	種類	研削バリ、プレスバリ / 切削バリ、プラスチックバリ / 鋳造バリ、鍛造バリ
部品特性	材質	鋳鉄、鉄鋼 / 銅、ステンレス、アルミニウム / プラスチック
	外形寸法	100 mm 以下 / 100〜500 mm / 500 mm 以上
バリ取り制約条件	生産形態	単品種バッチ / 単品種1個どり、多品種バッチ / 多品種1個どり
	二次効果	寸法公差 / 表面粗さ
	エッジ形状	C / R
	面取り寸法	シャープエッジ / 0.1 mm 以下 / 0.1 mm 以上

してバリ取り性数値評価法(バリ取り難易度数値化法)を用いることです。

バリ取り性数値評価法は、バリ取りする部品のバリ取りの容易さを評価点によって定量化し、バリ抑制手法を的確に把握して、その改善法を見出す指針を与えるものです。

(1) 評価法の体系

表 4-1 にバリ取り性数値評価法の体系を示します。バリ取り性の評価要素は (a) バリの性質、(b) 部品特性、(c) バリ取り制約条件、で構成されます。

評価項目は厚さ、発生位置、種類、材質、外形寸法、部品生産形態、バリ取りによる二次効果、エッジ形状、面取り寸法の9項目があります。それぞれの項目についてさらにランク判定項目に細分してあります。

表 4-2 バリ取り性の評価点

評価項目		ランク別評価点					
		A		B		C	
バリの性質	1. 厚さ	0.1 mm 以下	20	0.1～0.5 mm	10	0.5 mm 以上	5
	2. 発生位置	外部	20	内部	10	外・内部	5
	3. 種類	研削バリ、プレスバリ	10	切削バリ	5	成形バリ	3
部品特性	4. 材質	鉄鋼、鋳鉄	5	銅、ステンレス、アルミニウム	3	プラスチック	2
	5. 外形寸法	100 mm 以下	5	100～500 mm	3	500 mm 以上	2
バリ取り制約条件	6. 生産形態	単品種バッチ	10	単品種1個どり 多品種バッチ	5	多品種1個どり	3
	7. 二次効果	制限なし	10	寸法公差あり	5	寸法公差あり、粗さ制限あり	3
	8. エッジ形状	指示なし	10	C形状	5	R形状	3
	9. 面取り寸法	制限なし	10	0.1 mm 以下	5	シャープエッジ、0.1 mm 以上	3

（2） 評価点の算出

評価項目とランク別得点を**表 4-2** に示します。

9項目の評価項目はA、B、Cの3段階にランク分けし、それぞれに評価点を考慮します。

Aランクは「バリ取り容易」、Bランクは「普通」、Cランクは「バリ取り難しい」です。

9つの評価項目とA、B、Cランクには相対評価によって重み付けを行い、評価点を配分してあります。評価点のもっとも高い項目はバリ厚さとバリ発生位置です。次に高い評価点は、バリの種類、部品生産形態、バリ取りの二次効果、エッジ形状、面取り寸法です。もっとも得点の低いランクは材質と部品外形寸法です。厚さ、発生位置は、バリ抑制手法を使うと効果が得られるので、評価点が高くなっています。

（3） 評価点の判断基準

部品のバリ抑制、除去について、評価項目ごとにA、B、Cのランクづけを行い、それらの評価点を合計した評価指数を求めます。この評価指数について**表 4-3** の判断基準に従ってバリ抑制か除去かの方針を決めればよいのです。

表 4-3　評価点の適用

評価指数範囲	バリ取り評価
0 〜 29	部品設計見直し
30 〜 69	バリ抑制手法の適用
70 〜 100	バリ取り方法の適用

4-6 ● バリ取り性数値評価事例（1）
―プレス部品

バリ取り性数値評価法の適用事例（1）を**図4-7**に示します。

図の部品からバリ情報を得ると、バリ厚さ：0.07 mm、発生位置：外部、種類：プレス加工、材質：銅、外形寸法：30 mm、部品生産形態：量産、バリ取りの二次効果：寸法公差なし、および表面粗さ変化可、エッジ形状：丸みR、面取り寸法：0.1 mm以下です。

これらのデータについて、評価点を求めると**表4-4**に示すようになります。その合計点すなわち評価指数は86となります。

これを判断基準に照合してみると、次のステップはバリ取り方法の選択を行えばよいことになります。

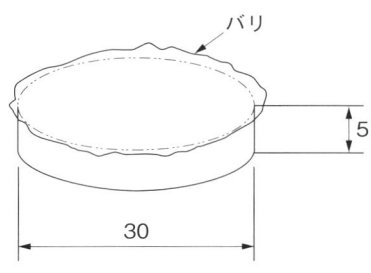

図4-7 バリ取り性数値評価法の適用事例（1）―プレス部品

表4-4　バリ取り性数値評価法の適用結果（1）―プレス部品

評価指数：86、バリ取り法を適用すればよい

評価項目	データ	評価点
1. 厚さ	0.07 mm	20
2. 発生位置	外部	20
3. 種類	プレス加工	10
4. 材質	銅	3
5. 外形寸法	30 mm	5
6. 部品生産形態	量産	10
7. バリ取りの二次効果	寸法公差なし、表面粗さ変化可	10
8. エッジ形状	R形状	3
9. 面取りの大きさ	0.1 mm以下	5
評価指数		86

4-7 ● バリ取り性数値評価事例（2）―鋳物部品

事例（2）として、鋳造部品へのバリ取り性数値評価法の適用事例を図4-8に示します。

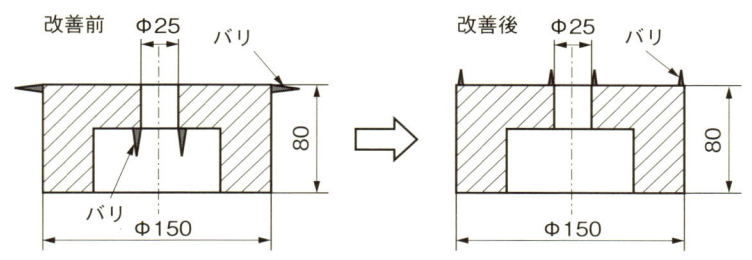

図4-8　バリ取り性数値評価法の適用事例（2）―鋳物部品
（バリの大きさは拡大してあります）

　図の改善前の部品形状からバリ情報を得ると、次頁の**表4-5**「改善前データ」に示す内容となります。これらについて評価点を求めると、「改善前評価点」となります。この合計点、すなわち評価指数は44ですから、これを判断基準に照合してみるとバリ抑制手法を適用すべきであるとなります。そこで、図4-8の改善後に示すようにバリ対策を施した結果、表4-5の「改善後データ」に基づいた評価点を合計すると、その評価指数は79になります。これを判断基準と照合すると次のステップはバリ取り方法の選択を行えばよいことになります。

　評価項目でバリ厚さ、発生位置に重点を置いているのは、これらがバリ抑制の基本だからです。また、これら2つの評価項目について対策をたてれば、バリ取りが容易に行えます。バリ厚さ、発生位置の評価点を向上させる主な対策を次章の設計技術と加工技術において述べます。

表 4-5　バリ取り性数値評価法の適用結果（2）—鋳物部品

評価指数：改善前評価指数 44 でバリ抑制手法の適用を示唆された。工夫してバリを抑制したので評価指数は 79 となり、バリ取り法を適用すればよい部品になった

評価項目	改善前		改善後	
	データ	評価点	データ	評価点
1. 厚　　さ	0.6 mm	5	0.1 mm	20
2. 発生位置	外・内混合	5	外側	20
3. 種　　類	鋳造バリ	3	鋳造バリ	3
4. 材　　質	鋳鉄	5	鋳鉄	5
5. 外形寸法	150 mm	3	150 mm	3
6. 部品生産形態	多種少量	3	多種少量	3
7. バリ取りの二次効果	寸法公差なし 表面粗さ変化可	10	寸法公差なし 表面粗さ変化可	10
8. エッジ形状	C 形状	5	指示なし	10
9. 面取りの大きさ	0.1 mm 以下	5	0.1 mm 以下	5
評価指数		44		79

第5章

設計技術における
バリ抑制法

　部品のバリ取りの課題をうまく処理するために、設計部門の果たす役割に大きなウエイトがあります。言いかえれば、設計部門でのバリ対策がしっかり実行されていれば、バリ取り作業改善をうまく進めることができます。また、製造部門でバリ取り作業改善の課題があるときには設計部門の大きな協力が必要になります。本章では部品設計する段階でのバリ抑制手法を紹介します。この手法を練り上げてトータルコストを下げることが重要です。

5-1 ● 機能・性能設計から始まるバリ対策

　バリに関するコストを低減させたいとき、最初に実施しなければならないことは部品の機能・性能から要求されるエッジ品質にかかわることです。具体的に説明すると、「バリなきこと」などの図面指示をやめて、設計者として要求すべきエッジ機能を明確に定義して、その機能を満たすエッジ品質を図面指示することです。

　その例を**図 5-1** の組立て部品で説明します。図は穴にピンを挿入して組立てる設計です。この場合、バリが残っていたり、部品に面取りが施されていない場合には組立てに時間がかかります。また、部品のエッジをきず付けてしまいますので、組立てできなくなります。

　そこで、**図 5-2** に示すように「バリなきこと」と図面指示しないように、エッジに要求される機能を明確にして、エッジの設計を行っていきます。エッジの設計はエッジ品質の3要素、つまり、①エッジの形状と寸法、②エッジの表面性状、③エッジの表面層の性状です。これらの3

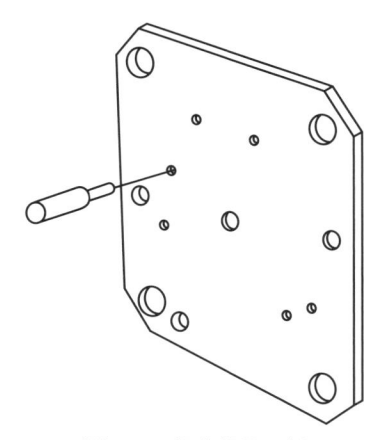

図 5-1　組立部品の例

「バリなきこと」

エッジの設計	エッジに要求する機能
エッジ品質 ① 形状と寸法 　部品A：丸みR0.5mm 　部品B：面取りC0.5mm ② 表面性状 　エッジ表面粗さは他の面と 　同等の粗さとする ③ 表面層の性状 　拡大鏡×10で、亀裂は許容する	(a) 基本機能 　部品の確実な組み立てができる (b) 付帯機能 　・加工・組立て中にけがをしない 　・バリの脱落をなくしたい

図 5-2　機能・性能設計におけるエッジ設計例

要素を図5-2のように決定して、描いた図が図5-3になります。

図5-3で部品Aの中心が部品Bの穴中心よりずれhがあっても、部品Aが確実に部品Bの穴に組み立てられるように、部品AとBとに丸みと面取りを行っています。脱落するバリや除去したバリのくずがないようにするには、部品洗浄が必要となります。第2章「エッジを設計する」で述べた内容を理解して、設計に適用できるようにまとめることが重要です。

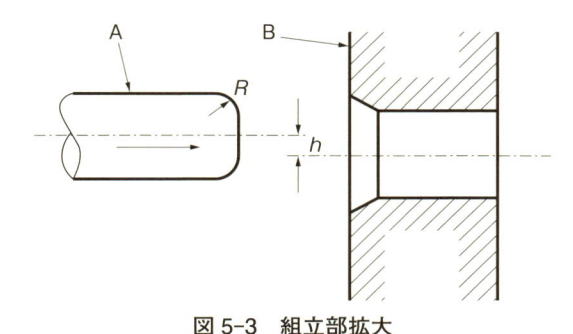

図 5-3　組立部拡大

5-2 ● 部品の材質を変更する

　部品設計段階で、バリを小さくできる方法がいくつかあります。部品設計段階でバリ抑制を心掛ければ、バリ取りコストを低減できる可能性が大きくなります。

　部品加工するとき、部品材質によって発生するバリの大きさが異なります。

　図 5-4[6)] は部品に使う材料の伸びが大きければ、バリ厚さは大きくなる実験例です。

　バリを小さくしたいときには、伸びの小さい材料を選択する必要があります。

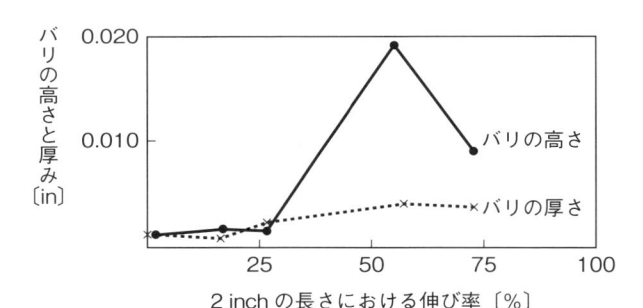

図 5-4　加工物材料の伸び率のバリの大きさに及ぼす影響（Gillespie）

5-3 ● 部品のエッジ形状を変更する

　図 5-5 は部品エッジ形状を変更することで、バリを抑制することができる方法を示しています。エッジを形成する面の交差角 ϕ が 135 度以上になると、部品を切削加工で仕上げる場合にバリの生成は小さくなります。このエッジ角効果が設計段階でのバリ抑制の基本対策です。

　鋳造・鍛造や機械加工を行う部品設計において、このエッジ角効果を考慮することがトータルコストの低減になります。図 5-6[7] に示した写

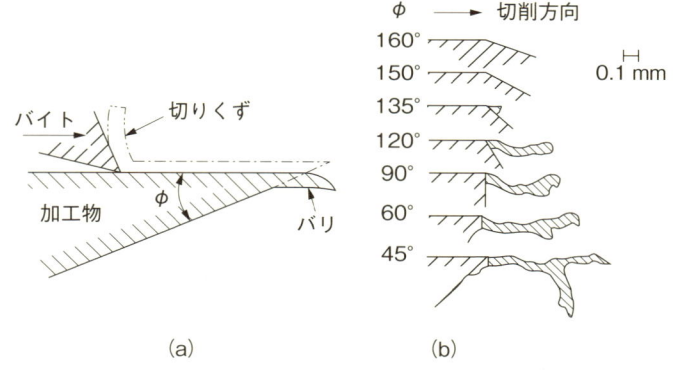

図 5-5　バリの生成に対するエッジ角の影響

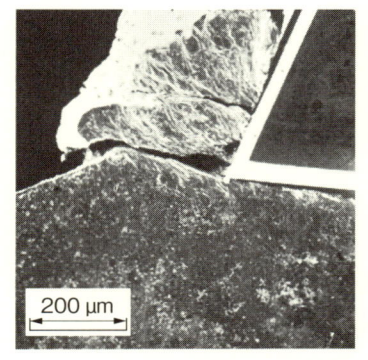

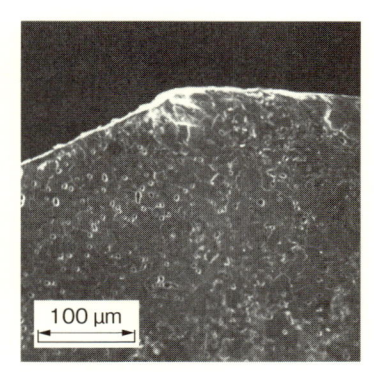

図 5-6　被削材の端面角を 150° とした場合のバリ生成

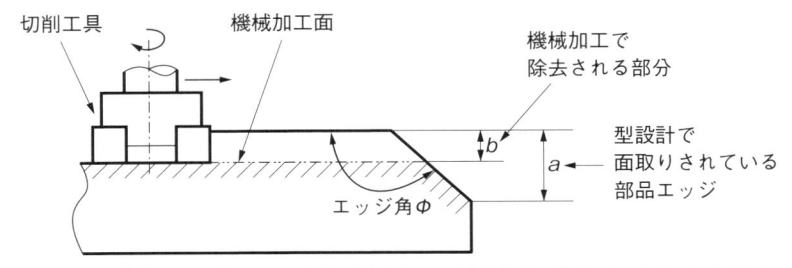

図 5-7 機械加工でエッジ角効果を適用するために型設計で対応した事例

真は工作物の端面のエッジ角が 150 度の場合で、バリは生成されていません。次に具体的な事例を示します。

① **金型でバリを抑制する設計**

図 5-7 は鋳造・鍛造品、アルミダイカスト部品の面取りの大きさとエッジ角を示したものです。エッジ角は 135 度以上とし、面取りの大きさ a はその後の仕上げ代 b より大きく設計します。このように、エッジ角効果を適用した部品を機械加工した場合には、バリの発生は著しく減少し、バリ除去が容易に行えるのでバリ取りコストを軽減できます。

② **軸受油溝のバリを抑制する設計**

図 5-8 は油溝を有する精密回転部品です。図 5-9 はこの油潤滑するた

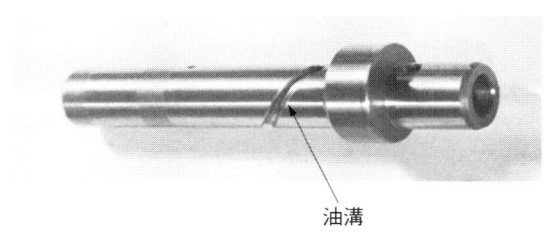

図 5-8 軸受け部に油溝を有する精密回転部品

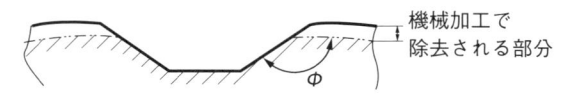

図 5-9 軸受油溝の機械加工でバリを抑制できる素材形状

めに設けた油みぞの形状設計に、バリ抑制のエッジ角効果を利用した例です。機械加工の取り代より大きくした面取りを施してエッジ角効果を適用できれば、バリを抑制できます。

③ ドリル加工のバリを抑制する設計

図5-10はドリル加工における穴の入口・出口バリの生成を少なくするために、エッジ角効果を用いた例です。図(a)では未対策です。エッジ角効果を考慮しないで穴あけすると、ドリルの入り口と出口にはバリが生成されます。とくに出口バリは大きく、内側に大きなバリが発生すると除去するのにコストがかかります。図(b)のように型設計の段階でくぼみをつける、またはあらかじめ穴径より大きなドリルで皿もみしておけば、出口バリは抑制できます。

鍛造やアルミダイキャストの型にエッジ角効果を利用できるくぼみをつける工夫を施し、部品を成形すればバリを抑制でき、除去コストは小

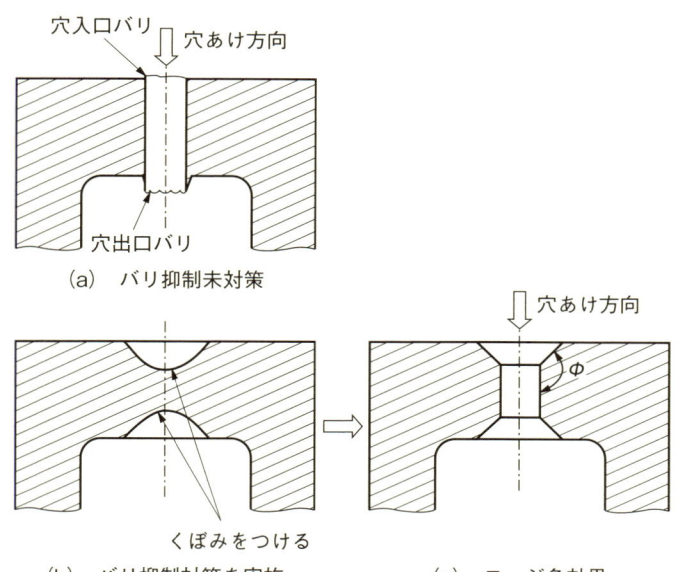

(a) バリ抑制未対策

(b) バリ抑制対策を実施

(c) エッジ角効果

図5-10 ドリル加工前にエッジ角効果を適用しているバリ抑制法

さくなります。

④ キー溝のバリを少なくする設計

図 5-11 は軸のキー溝設計に、エッジ角効果を適用した事例です。

図(a)のように軸にいきなりキー溝加工するとバリが大きくなり、バリを除去するときに軸の仕上げ面をきず付けやすくなります。図(b)のようにキー溝となる部分にキー溝幅より大きな幅で平面加工を行い、次にキー溝を加工すればエッジ角効果によりバリは小さく抑えられ、除去しやすくなります。

⑤ ねじの端部の面取りでバリを少なくする工夫

ねじ部に生成してしまったバリは、ねじの山や谷の複雑で狭い個所に存在するために、それらの除去には時間とコストがかかります。このバリ処理を容易にするための方法を、**図 5-12** に示します。図ではねじ部に発生したバリを抑制するために、ねじ端部に面取りを行った例です。

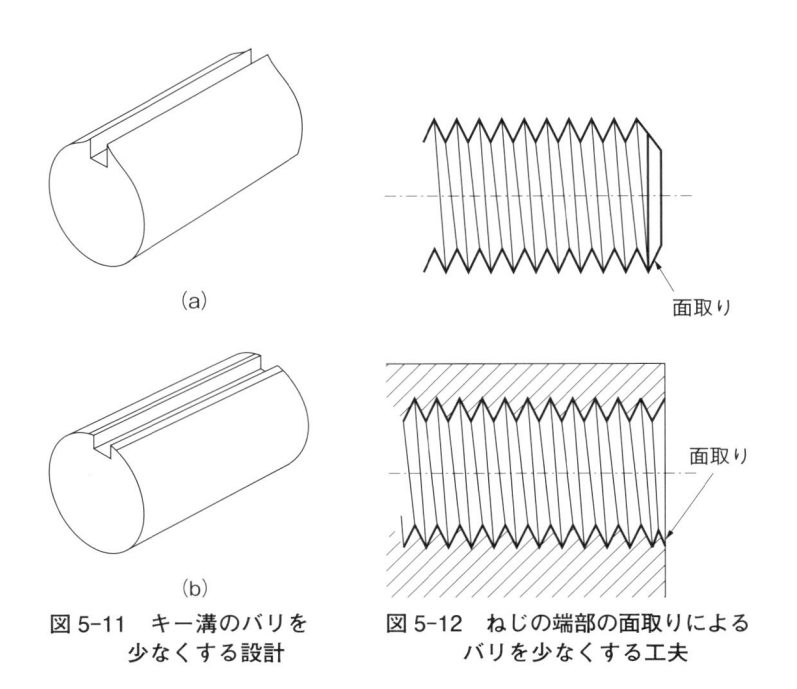

図 5-11 キー溝のバリを少なくする設計

図 5-12 ねじの端部の面取りによるバリを少なくする工夫

(a) 悪い例

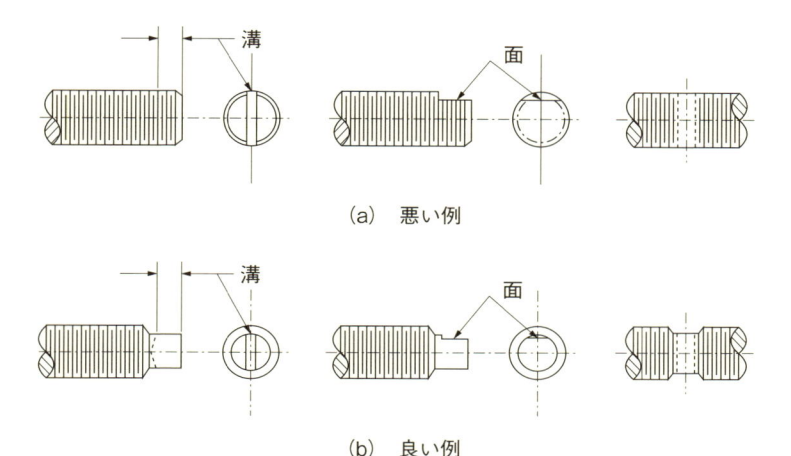

(b) 良い例

図 5-13　ねじ部のバリをなくす工夫

ねじ山や谷の複雑な狭い個所にバリが発生すると、除去が困難になりますのでエッジ角効果を適用すべきです。

⑥　ねじ部のバリをなくす工夫

ねじ部に溝や面の加工を行うと穴・溝の周りにバリが生成し、バリ取りが複雑になりコストが高くなります。これを防ぐために、部品形状をかえてバリを取りやすいねじ部品形状に変更した例が図 5-13 です。図に示すように設計のときにねじ谷径より細い軸を設けることによって、溝や面の形状がねじと分離独立するので、バリ取りが容易になります。この方法を用いれば旋削加工工数は若干増えますが、バリ取りと検査コストは大幅に低減されます。設計とバリ取りコストを合わせた、トータルコストを下げる事例です。

⑦　バリを取りやすくしたすり割り溝の設計

高精度軸ではバリ取り作業によって、高精度に加工した部分にきずをつけてしまうことがあります。このため、注意深くバリ取りすることでかえってコストをかけています。この場合に、設計を変えてバリ処理しやすいように部品形状を変更した適用例が図 5-14 です。図で溝を分離する方式を高精度軸に応用しています。図 (b) はすり割り溝加工でバ

(a) 改善前 　　　　　　　　　　(b) 改善後

図 5-14　バリを取りやすくしたすり割り溝の設計

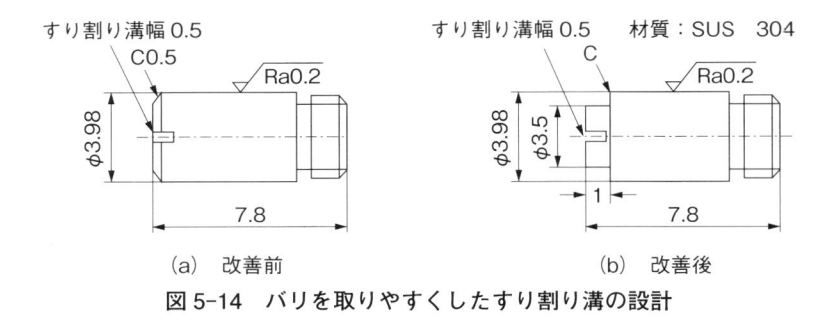

リを生成しても段付き軸部でバリ取りするので、高精度軸面にはバリ取り工具の影響がないように部品形状を変更してあります。また、高精度軸加工でバリが生成されても相互に影響のないように、軸部にエッジ角効果を利用した 45 度の面取りを行った事例です。

⑧　バリ生成位置の変更によるバリ対策

加工することを考慮した部品設計の事例を示します。

図 5-15 は型の合せ面を考慮して、バリを除去しやすい位置に生成させた事例です。図（a）ではバレル加工などの汎用バリ取り方法で、容易に除去できます。

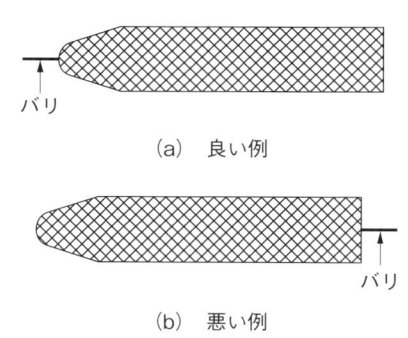

(a)　良い例

(b)　悪い例

図 5-15　バリの生成位置の変更による　　　　バリ取り対策

図 5-16　プレス部品のエッジ部の設計変更

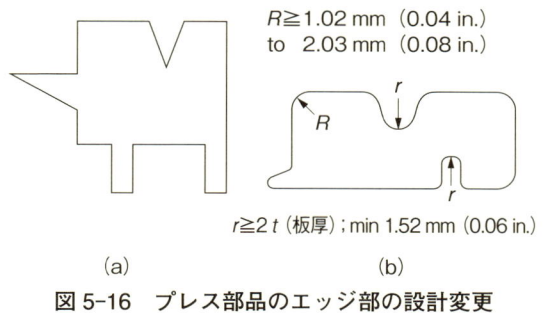

⑨　プレス部品のエッジ部の設計変更

図 5-16[6)] はプレス打抜き部品の輪郭設計事例です。

プレス加工後に発生したバリ除去にバレル加工を適用するときには、部品の輪郭設計が重要です。

図（a）に示すようにポンチとダイスの鋭いエッジ部で摩耗が進み破損しやすくなるので、バリは大きくなります。バレル加工では鋭いエッジ部の加工量が多くなり、溝部にはバレルのメディア（研磨剤）が届かず、バリ残りが出ます。

図（b）のように輪郭形状を設計すれば型寿命も長くなり、バレル加工でメディア（研磨剤）が溝底部まで入り込んでバリを除去しやすくなります。大量生産する場合には打抜き部品の輪郭のかどとすみの丸み半径 R と r は小さくしない、つまり大きい方が良い設計です。

5-4 ● バリレス加工法へ変更する

電解加工、化学加工、放電加工、噴射加工などは材料除去率が小さくバリを生成しないで部品加工できる方法です。マスキングを用いて高精度に加工するマイクロブラスト加工も、バリなしで部品を造ることができます。

① 電解加工

図 5-17 に電解加工の原理を示します。あらかじめ設計・加工した電極を陰極とし、工作物を陽極として対向させます。工具電極と工作物の間の微小ギャップ（0.05 〜 0.5 mm）に電解液を噴流しながら電流を流すと、工作物は電解作用によって溶出します。工具となる電極を送り込んでいくと工具電極の形状の雌形が工作物に転写されます。

穴あけ、形彫り、みぞ切り、エッジ仕上げなどに用いられます。工作物の硬度などに無関係に、複雑三次元形状の形彫りが容易です。加工に際してのバリの生成はありません。

② 放電加工

図 5-18 は放電加工の原理を示します。この放電加工では加工電極か

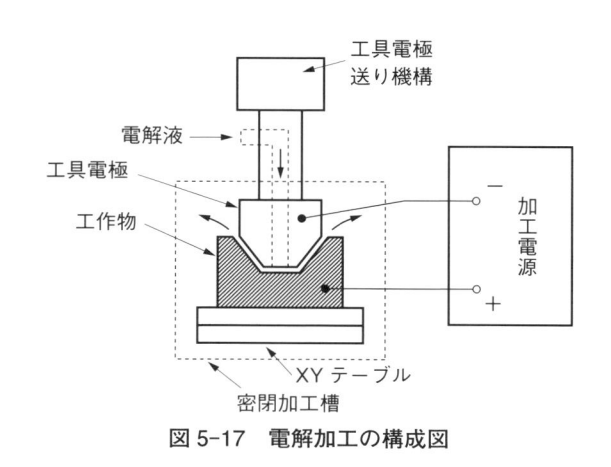

図 5-17　電解加工の構成図

図 5-18　放電加工機の構成図

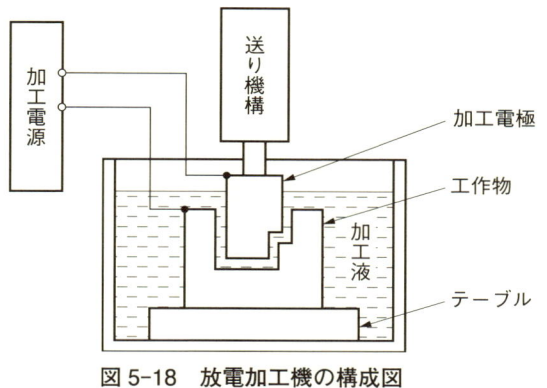

らパルス状の放電が行われて、工作物を加熱、溶融して微量ずつ除去します。加工電極形状を工作物に転写できる加工法で、バリを生成しないで部品を造り上げることができます。放電加工が適用できる材料は導電性材料であることが条件です。金属の硬い材料、じん性の大きな材料、加工硬化しやすい材料などを容易に加工することができます。

具体的には超高合金や焼入れした鋼は加工、再加工、さらに修正加工ができます。また、放電加工の電極工具を回転させなければ、異形孔の成形加工がきわめて容易です。らせん状の孔、金型のような複雑な面形状の加工も容易にできる特徴があります。

③　エッチング加工

化学加工、すなわちエッチング加工は金属表面の一部を耐薬品塗膜、またはレジストで被覆して化学加工液中に浸し、露出面だけを選択的に溶解除去して成形する加工法です。工作物の硬度や強度に無関係に複雑形状のバリレス加工ができます。この加工法の利点はレジストで覆われていない工作物の表面を多数の個所、多数の工作物を同時に加工することができることです。比較的大きな工作物を加工できますので、航空機や宇宙飛行体などの部品加工にも適用されています。また、あらかじめ厚肉に加工した部分を、エッチングで全面または部分除去加工を実施し

て、薄肉の部分に仕上げる例もあります。

欠点として加工速度、仕上げ面粗さ、加工精度などが機械加工に比べて劣ります。

④ 超音波加工

図 5-19 に示す超音波加工もバリレス加工です。超音波加工の工具は、超音波振動数 16 〜 30 kHz、振幅 10 〜 150 μm で振動します。この先端工具の振動面と工作物の加工面との間に、砥粒と加工液の混合物（スラリという）が供給されています。超音波振動している工具の送りによって、砥粒が工作物加工面を機械的に衝撃して微粉砕加工を行うものです。加工できる材料はガラス、セラミックス、シリコンなどのぜい性材料に対して有効です。超硬合金、耐熱鋼、焼入れ鋼なども加工できます。

超音波加工の欠点は、加工速度が小さい、工具摩耗が大きい、加工面積が小さい、加工深さに制限があるなどです。

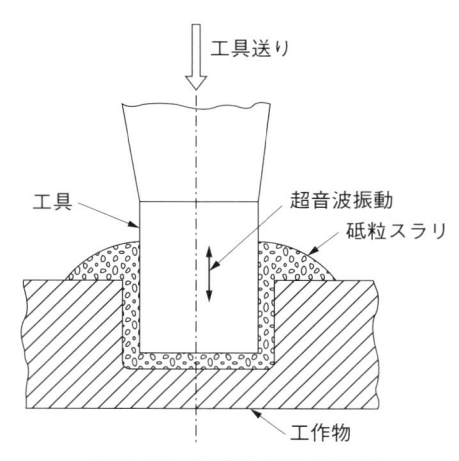

図 5-19　超音波加工の原理

⑤ フォトレジストを使った噴射加工

図 5-20 はフォトレジストを噴射加工に用いた加工法です。写真原版とフォトレジストを使用して工作物表面を局部的に被覆保護して噴射加工します。レジストに被覆されなかった工作物表面部分が除去されてバ

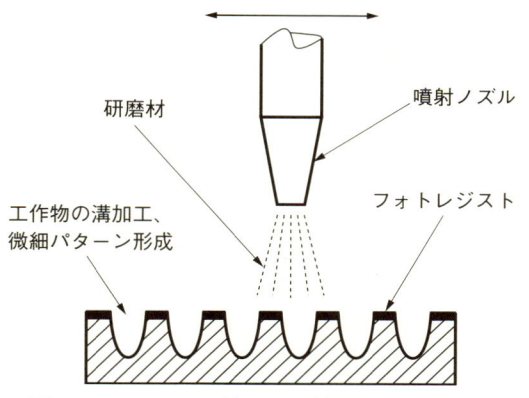

図5-20 フォトレジストを使った噴射加工でバリレス成形（(株) エルフォテック）

リレス成形します。数十 μm の微細パターンを加工できます。

　部品設計段階でバリを生成しない加工法として放電加工、電解加工、化学加工、超音波加工、噴射加工法を選択すれば、エッジ仕上げも含めて部品加工できます。この方法を採用するためには、部品設計者が加工法を熟知する必要があります。

5-5 ●バリレス工程に変更する

（1）反転仕上げ切削法でバリレス加工

　図 5-21 は穴あけ加工に、反転仕上げ切削方法を適用した例を示しています。

　反転仕上げ切削とは仕上げ代を残して荒削りを行い、次に荒削りの方向と逆方向から切込みを浅くして仕上げ加工する方法です。

　この方法は仕上げ加工の切込みが浅いことに加えて、荒削りでひずんだ材料が反転加工で引き起こされるためにバリレス加工ができます。

　部品設計段階で2段階で穴あけ加工するように図面指示すれば、製造

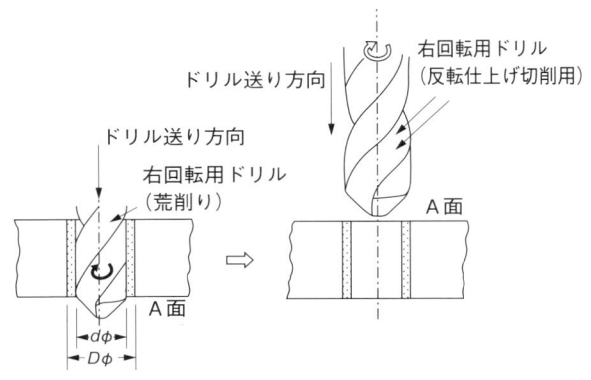

図 5-21　ドリルによる反転仕上げ穴あけ

部門で 2 種類の工具を準備できます。

（2） バリレス加工工程を設計する

部品製造工程全体にバリ抑制を考慮した事例が**図 5-22** です。

総形バイト、リセッシング工具、リーマなどを有効に使用して工程内で発生したバリを除去し、または抑制する製造手順をとっています。

第 1 工程：総形バイトで外径部を切削し、カウンタシンクで端面に 2 段テーパ加工を行います。

第 2 工程：同時に総形バイトで外側端部を切削して、それと同時にドリルによって穴加工を行います。端面に発生したバリは総形バイトで、ドリルの入り口バリはカウンタシンクされたテーパ穴のエッジ角効果で抑制できます。

第 3、4 工程：ドリル加工後のタップとねじ切りでバリが発生します。

第 5 工程：シェービング工具で第 3、4 工程で発生したバリを除去し、リセッシング工具でテーパ付き溝加工を行います。

第 6 工程：リーマを用いて穴の内面を仕上げるとともにバリを抑制し、突っ切りバイトで部品を分離します。このとき、リセッシング工具で加工したテーパ溝のエッジ角効果によって、バリが抑制されています。

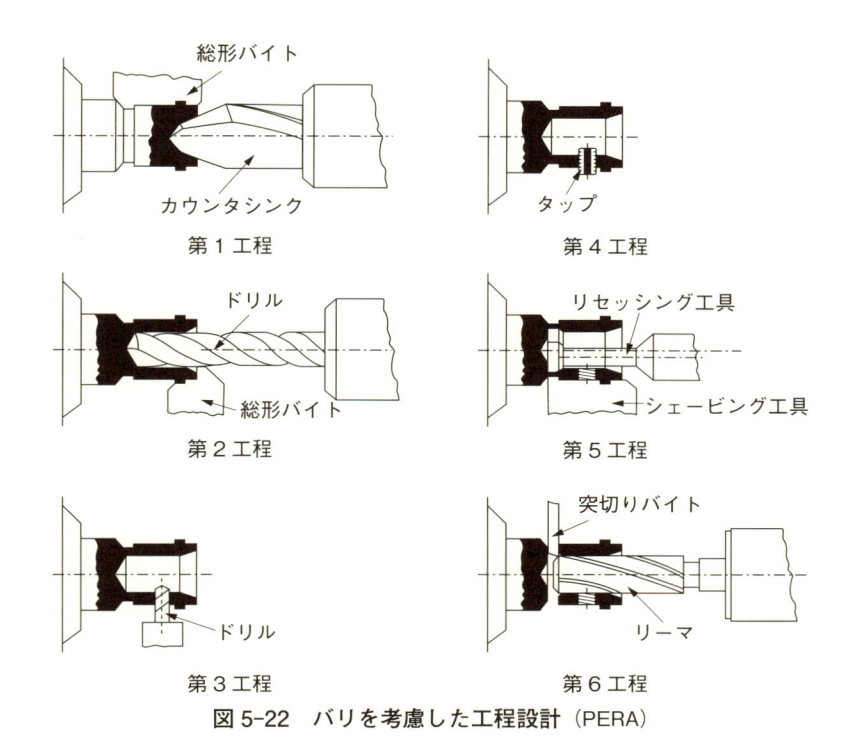

図 5-22 バリを考慮した工程設計（PERA）

 このような加工手順はバリを考慮した製造工程設計で、バリ問題解決には最適設計と言えます。このためには多くの知識と経験が必要です。バリを抑制するために工程数が多くなり、加工コストは高くなります。一方、バリ取りコストはゼロになります。

第6章

加工技術による
バリ抑制法

　生成されたバリを除去するのは容易ではありません。加工段階ではバリは常に大きくなる条件がたくさんあります。加工段階でバリを抑制できる条件もありますので、バリ取り法のバリ取り能力に合わせてバリをコントロールすることが重要です。バリ取り工程は部品加工工程の最終段階にありますので、後工程のバリ取り工程を考慮した前工程の部品加工が重要です。

6-1 ● バリはどのように生成されるか

　工作物を削るとバリが生成されてしまいます。ではどのようにバリが生成するのかを、単純なモデルで示します。工作物を削るということの単純なモデルは**図 6-1**に示すかんなで木材を削ることです。この削り方がいわゆる二次元切削になります。

　このかんなの刃の部分を拡大すると**図 6-2**に示すようになります。工作物にかんなの刃（工具）が切込み t_1 まで食い込んで削ります。このと

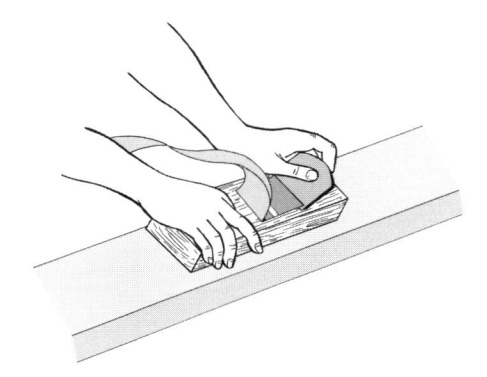

図 6-1　かんなで木材を削る（二次元切削の例）

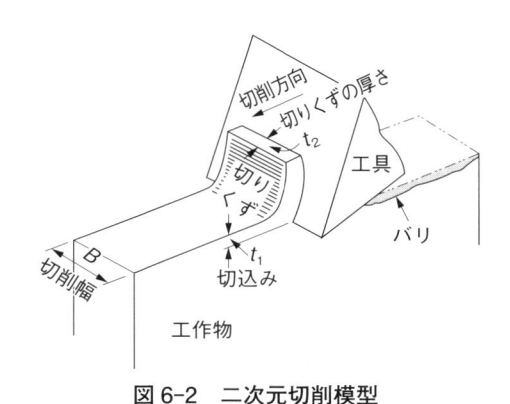

図 6-2　二次元切削模型

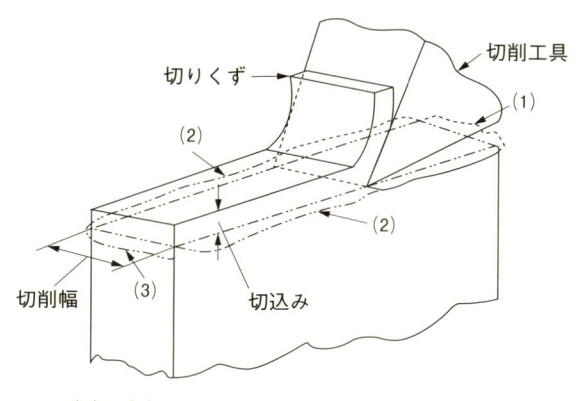

(1)、(2)　ポアソンバリ
(3)　ロールオーババリ、引きちぎりバリ

図6-3　生成機構よりみたバリの種類

き生成されるバリは**図6-3**[6)] に示すタイプがあります。

① **ポアソンバリ**：図の (1) や (2) のように切削方向に対して直角方向で、工具によって工作物端部が圧縮変形されて生じたバリをポアソンバリといいます。この名称は、材料の主応力に対する横方向の変形を説明するポアソン比から名づけられています。図の (1) の場所、つまり切削開始時（工具が工作物へ食い込むとき）に生じます。このバリはエントランスバリとも呼ばれます。

② **ロールオーババリ**：図の (3) のように切削方向に自由面側に押し出されて生成されたバリをロールオーババリといいます。このバリは、工具切れ刃が工作物端部から離れる切削終了時に工作物表面に塑性流動が生じて生成されたバリです。離脱しないで残留した切りくずの一部ともいえます。このロールオーババリは、切込みにほぼ等しい高さのバリが生じます。

③ **引きちぎりバリ**：切削終了点の工作物エッジにおいて、せん断より引きちぎり現象によって生じるバリを引きちぎりバリといいます。突切り加工の切削開始点やねじ切り加工の終了点においても生成さ

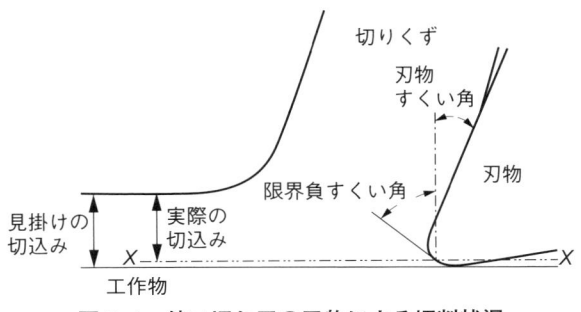

図 6-4　鈍い切れ刃の刃物による切削状況

れやすいバリです。

このほかに突切り加工において、切断が終了する直前に工作物の自重などで分離し、切削面の中心にへそ状に残留する切断バリもあります。

それではなぜこのようなバリが生成されるかを説明します。図 6-4 に示したのは二次元切削（かんなで木を削る加工と同じ）におけるバリの生成機構です。二次元切削で工具のエッジ（刃物）が進行すると、あらかじめ定めた切込み（見掛けの切込み）より少ない切込み（実際の切込み）で削ります。これは、刃先丸みや刃先の角度（刃物すくい角）の影響のために、刃先近傍の工作物表面の材質が変形してしまうためです。この変形には、塑性変形（加工が終了しても元に戻らない変形）と弾性変形（加工が終了すると元の形に戻る変形）があります。この塑性変形領域を、工作物の工具近傍でわかりやすく説明したのが図 6-5 です。図で斜線が入っている場所が、削っているときの塑性変形領域です。

図 (a) では切削工具の刃先が加工途中の位置です。さらに加工が進んで、切削工具が工作物端面に到達し、(b) の加工終了点になって工作物端面を通過します。このとき、切削工具近傍に生じた塑性変形領域が切断されずに自由空間である工作物側面へはみ出してバリとなります。図 (b) で斜線が入った塑性変形領域が切断されないでバリとなっているのがわかります。これを写真で示すと図 6-6[7] になります。

図は延性の高い純アルミニウム板を、二次元切削した場合のバリの生

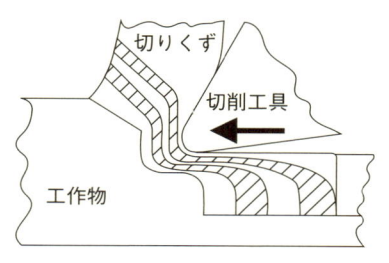

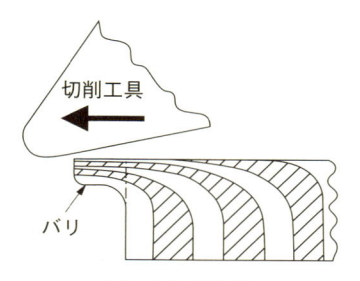

(a) 加工途中　　　　　　　　　(b) 加工終了点
図 6-5　切削加工における塑性変形プロセス

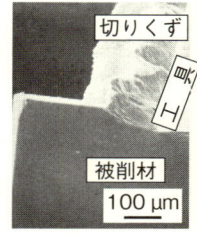

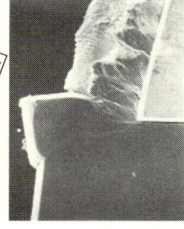

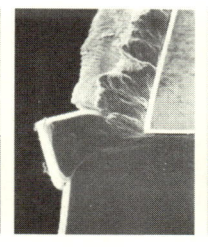

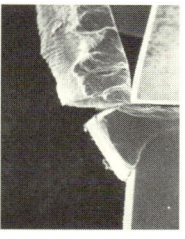

(a) L=390 μm　(b) L=240 μm　(c) L=190 μm　(d) L=－20 μm

図 6-6　走査型電子顕微鏡内切削におけるバリ生成過程の観察例（アルミニウム）（L は、変形前の工作物端面から工具刃先までの水平距離。端面と仕上げ面のなす角度 90°）

成過程を示しています。工具が端面に近づくと切りくずとなる部分には、図（b）のように端面近傍で変形が起こります。そして、工具のさらなる進行に伴って図（c）のように切りくずが回転していきます。切れ刃が被削材の端面を過ぎる図（d）に示すように切りくずが被削材から分離します。このとき、下側へ回転した部分がバリとなります。

6-2 ● バリを抑制するための加工原則

図 6-7 はバリを抑制し、バリのない部品やバリ取り・エッジ仕上げしやすいような小さなバリを生成させる原則を図に示したものです。

バリ抑制のポイントは、工作物と工具そして加工条件にあります。工作物端部のエッジ角効果については、前章で述べたとおりに鈍角のエッジにすればバリ抑制ができます。

第2の条件はできるだけ鋭利な切れ刃を用いて、良く切れるようにすることです。鋭利な切れ刃を用いると塑性変形領域が狭くなり、バリ抑制ができます。この場合、工具の切れ刃の鋭利性を維持するには、工具材料の耐摩耗性が高く、工作物との親和性の低い工具材料を選択することが重要です。

第3の条件は切削加工条件です。加工するときに切込み深さ、つまり加工単位を小さくすることです。この加工条件を選べば工作物に作用する加工抵抗が減少して塑性変形領域が狭くなり、結果としてバリ抑制に

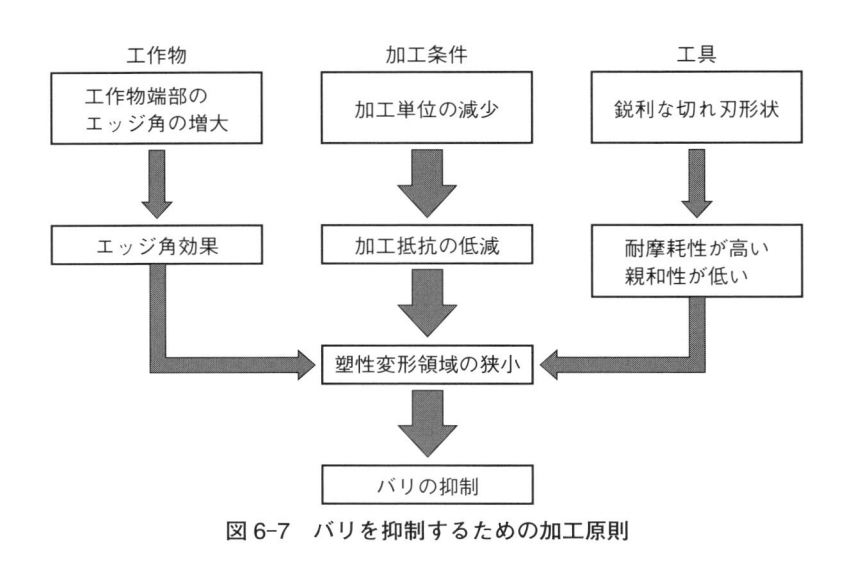

図 6-7 バリを抑制するための加工原則

つながります。これらの抑制条件を適切に組み合わせれば、バリを小さく抑制することができます。

6-3 ● 旋削加工によるバリの生成と抑制

(1) 旋削加工バリの生成

　旋盤を用いて加工する旋削加工は、最も広く用いられている加工法です。図6-8に示すように旋削加工を用いると、円筒面（外丸削り）、平面（端面削り）、切断（突っ切り）、ねじ切りや穴あけなど多様な加工ができます。図（a）の外丸削りでは、工具切れ刃の食い付き部と横切れ刃が未切削部と接する部分にバリが生成されます。これはポアソンバリに分類され、比較的小さく、場合によってバリは除去しないで済ませることもあります。

　図（b）の端面削りでは、切削終了端に切込みにほぼ等しい高さのバ

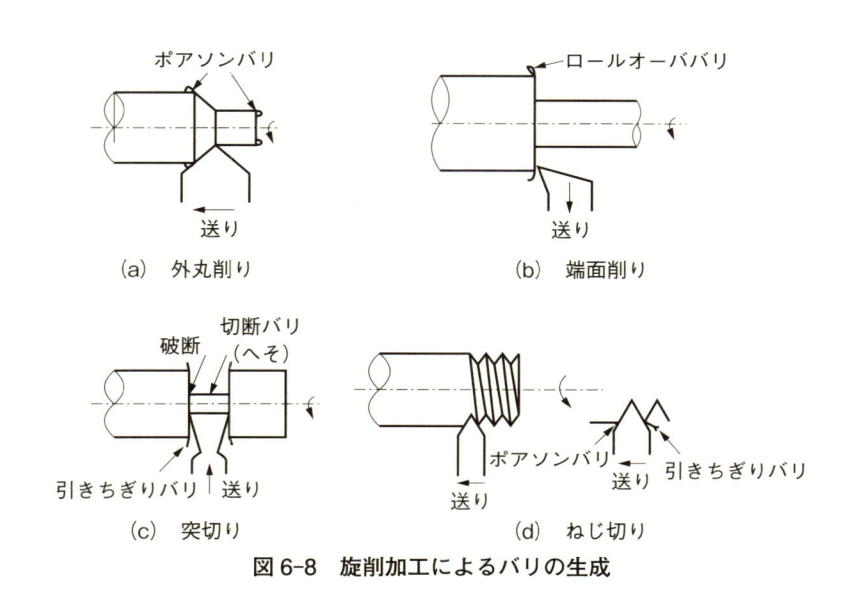

(a) 外丸削り　　　(b) 端面削り

(c) 突切り　　　(d) ねじ切り

図6-8　旋削加工によるバリの生成

リを生成します。これはロールオーババリです。

図（c）の突切りでは、突っ切りバイトの食い付き時に引きちぎりバリを、切断終了端に現場でへそと呼んでいる切断バリを生成します。

図（d）のねじ切りでは、工具切れ刃の接触点でポアソンバリと引きちぎりバリを生成します。その結果、ねじ山の頂点には最終的に両タイプが合成されたバリが残ることになります。

（2） 切込み、送りを小さくしてバリ抑制

旋削加工におけるバリ抑制は、切込みおよび送りを小さくして切削抵抗を低減させることがポイントです。ポアソンバリに対しては切削工具の食い付き時、および切削終了時付近で送りを小さくすることで抑制できます。

図 6-8（a）の外丸削りのポアソンバリの場合に当てはめると、工具の食い付き時と切削の終了時に送りを小さくすればバリが抑制できます。これは図（c）の突切りの引きちぎりバリと、切断バリの場合にもあてはまります。

ロールオーババリは、切込みにほぼ等しい高さのバリが生じます。そこで、荒切削と仕上げ切削に分けて、仕上げ切削時に切込みを小さくしてバリを抑制します。図（b）の端面削りのロールオーババリの場合にこの抑制法が当てはまります。仕上げ切削時の切込みを小さくすればバリは小さくなります。

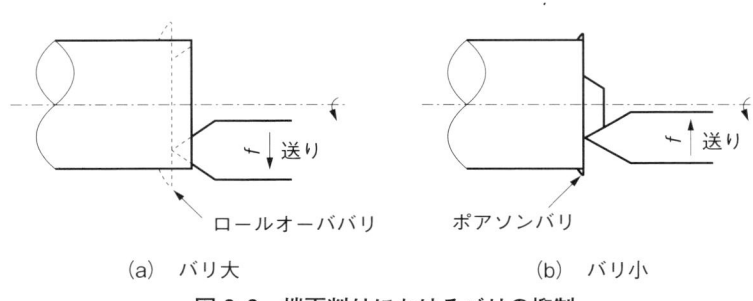

(a) バリ大　　　　　　　(b) バリ小

図 6-9　端面削りにおけるバリの抑制

（3） 工具経路を変更してバリ抑制

工具の経路変更でバリを抑制する方法があります。**図 6-9**（a）に示すように中心から外周方向に工具を送れば、工具出口の外周端面に大きなロールオーババリが生じます。この工具経路を変更して図（b）のように外周から中心に向かって工具を送れば、外周部には微小なポアソンバリが生成するだけです。

また NC 加工の場合には**図 6-10**（a）、（b）のように1回で切削加工を終えると工具の出口端でロールオーババリが生成します。これを図（c）のように2回に分けて切削すると、端面には小さなポアソンバリが生成するだけになります。

（4） 総形工具を使用してバリ抑制

図 6-11 に示すように総形工具を使用してバリを抑制することもできます。工具製作コストは高くなりますが、バリ取り・エッジ仕上げコスト減少と合わせて検討してトータルコストが安くなれば良い方法です。

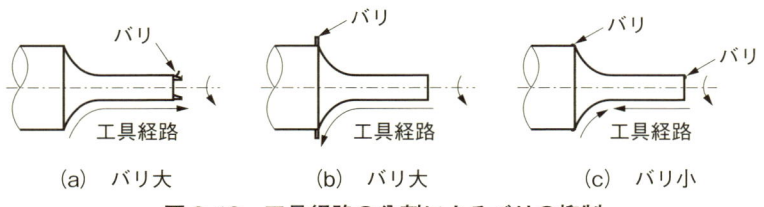

(a) バリ大　　(b) バリ大　　(c) バリ小

図 6-10　工具経路の分割によるバリの抑制

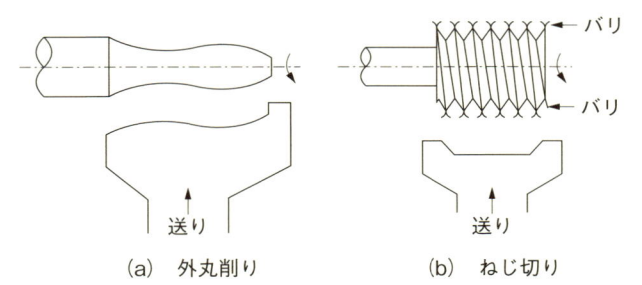

(a) 外丸削り　　(b) ねじ切り

図 6-11　総形工具によるバリの抑制および除去

（5） 鋭利な工具刃先形状でバリ抑制

　工具形状や工具材質を検討して、バリ抑制が図れます。工具刃先のエッジ形状を極力鋭利に保ち、刃先丸み半径をできるだけ小さくします。さらに、すくい角を大きく、横切れ刃角を小さくして摩擦係数の低いコーティング膜質のコーティッド工具を用いると効果があります。

（6） 超音波振動付与でバリ抑制

　超音波振動を工具に与えて振動切削することにより、バリを抑制することができます。この方法は柔らかい材料の切断などにも用いられます。

6-4 ● ドリル加工によるバリの生成と抑制

（1） ドリル加工によるバリの生成

　ドリル加工によるバリは、**図6-12**に示すように貫通した穴の入口側と出口側に生じます。穴の入口に生成される引きちぎりバリは、通常あ

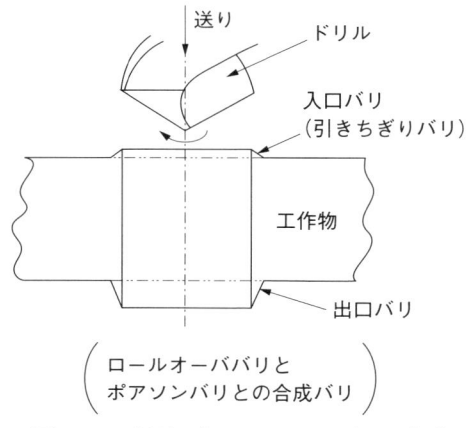

図6-12　ドリル加工におけるバリの生成

まり問題にならないくらい小さいものです。しかし、貫通穴の出口側に生じるロールオーババリとポアソンバリの合成バリは、入口バリよりかなり大きいバリになります。とくに、部品内部の交差穴に生じる出口バリは除去困難になります。

　この合成バリは、**図 6-13** に示すように生じます。図（a）のようにあまり切削を行わないで材料を押し出すような状況となります。さらにドリルが送られると、（b）のように材料を押し破ります。ドリルの進行とともに切り残された薄肉の部分は（c）のように押し広げられて円筒状になってバリになります。

　円筒状になった出口バリは**図 6-14**[16]）に示すように大きく2種類の形になります。1つは図（a）に示すようにドリル直径に相当する陣笠状の薄片を分離して陣笠付きバリになります。さらに陣笠が根元から分離し

第6章●加工技術によるバリ抑制法

(a)

(b)

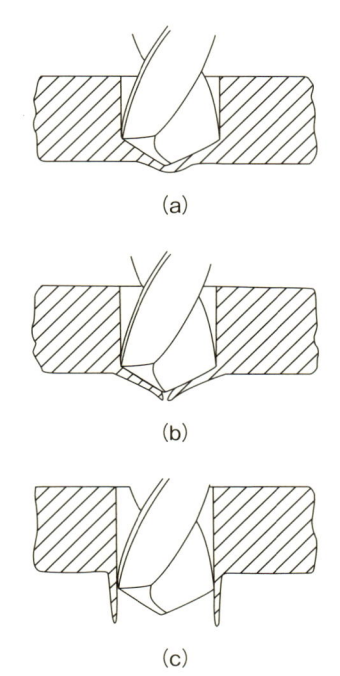

(c)

図 6-13　ドリル加工におけるバリの生成機構

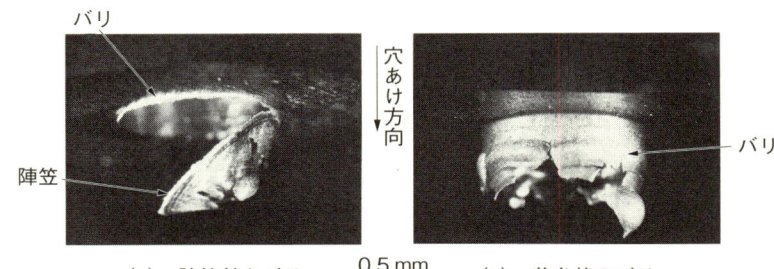

(a) 陣笠付きバリ　　0.5 mm　　(b) 花弁状のバリ

被削材：アルミニウム合金（A 6063）

図 6-14　通り穴出口に生成されるバリ

て貫通穴出口に残留した部分が二次バリとなります。他は図（b）に示すように薄肉部分が分離されないで花弁状になり大きな出口バリとなります。これらのことから、陣笠を生成させて出口穴の根元から陣笠を分離させて、穴周囲に高さの低い二次バリを残す加工条件の方が、後工程のバリ取りの観点から好ましいといえます。

（2）ドリル回転数と送り速度を変えてバリ抑制

ドリル穴あけ切削条件を変えて、陣笠がうまく生成される領域と花弁状バリの生成領域を求めますと、**図 6-15**[16)]のようになります。低速の回転数と低い送り速度の切削条件で、陣笠の生成が多くなります。生産性を考慮してバリ抑制をする場合には、穴の貫通前からドリルの送り速

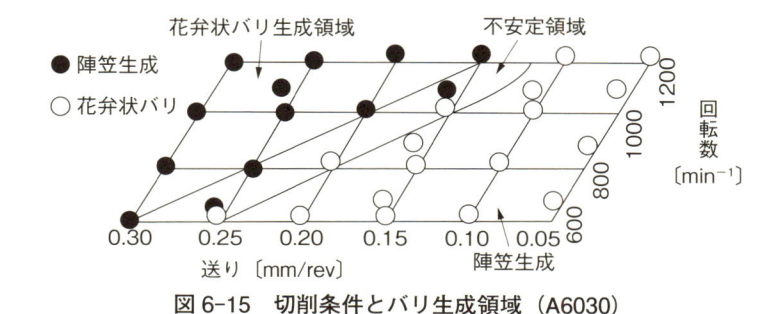

図 6-15　切削条件とバリ生成領域（A6030）

度を大幅に減少させることが効果的です。つまり、2段送りのドリル加工を行うことです。卓上ボール盤で穴あけするときに、ドリルの抜け際でその送りを遅くすることはすでに行われています。この条件をマシニングセンタでの穴あけにも適用できます。

（3） 部品形状を変更してバリ抑制

図6-16はドリル加工において、バリを抑制するために部品形状を変更してエッジ角効果を利用した事例です。図に示すように、バリ取り作業が部品の内側にある場合には、バリ取り作業が難しくなります。このような場合には、型で成形することができなければドリルの穴あけ加工に先立って皿もみ加工を行えばよいのです。この方法はすぐにできる、当座の対策です。事前対策が重要ですから、設計図面によってバリ対策を指示する必要があります。つまり、バリ抑制のエッジ角効果を適用するためには、部品形状をあらかじめ変更する必要があります。ダイキャストなどの型に皿形状をあらかじめ成形しておくと、ドリル加工で出口バリを抑制できます。とくにドリルの出口バリ抑制のための皿形状はバリ取り工数の低減に有効です。

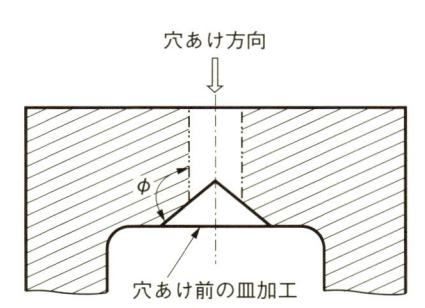

図6-16　エッジ角効果を利用したバリ抑制法

（4） ドリル形状でバリ抑制

ドリル加工についてバリを抑制するには、図6-17に示すドリル形状を選択する方法があります。図6-18[8]に示したように通常使用するドリ

図 6-17　ドリルの各部名称

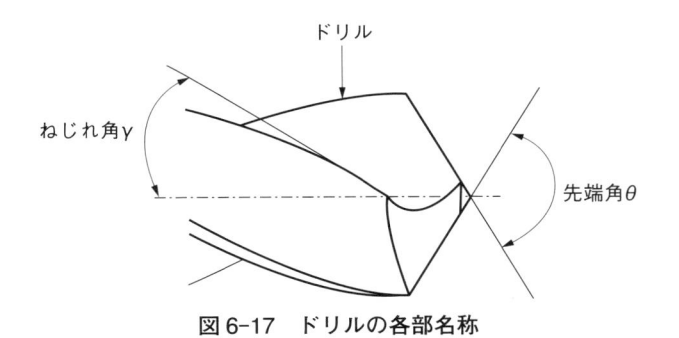

図 6-18　ドリル先端角のバリの生成におよぼす影響（長谷川ら）

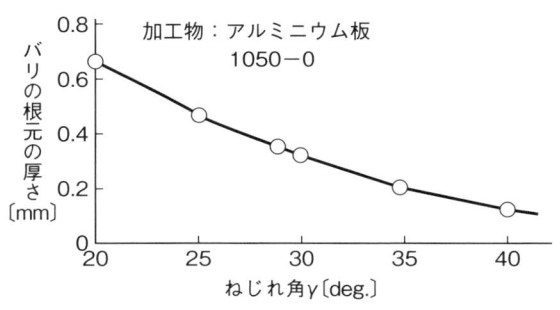

図 6-19　ドリルねじれ角のバリ生成におよぼす影響（長谷川ら）

ルの先端角 118 度より大きいものを用いる方がバリを抑制できます。また**図 6-19**[8)]に示すようにドリルのねじれ角が大きくなるほど、バリが抑制されます。これらのドリルを採用した場合、穴あけ能率や穴加工精度

についての課題があります。

（5） バックアップ材でバリ抑制

工作物裏面の穴の貫通側にバックアップ材をあてて、バリを抑制する方法があります。**図6-20**は同じ形状の工作物を重ね合わせてバックアップ材の働きをさせ、中間の工作物のバリ抑制を実施した事例です。バリが生成される部品端部を作らない考え方です。バックアップ材の硬さが硬ければバリの厚さ・高さは小さくなることがわかっています。

図6-21は交差穴の穴あけにバックアップ材を適用した例です。先にあけた穴にバックアップ材を挿入してから、次の穴をあけます。バックアップ材によってバリを抑制できます。

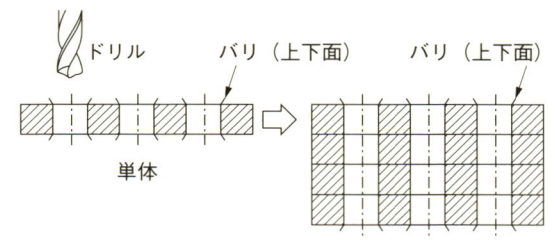

中間の部分はバリが出ない重ね穴あけ

図6-20　加工物を重ねて穴あけしバリ抑制を実施した例

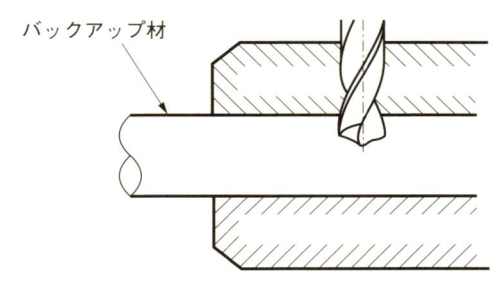

図6-21　交差穴の穴あけにバックアップ材を
　　　　利用してバリ抑制

（6） 反転仕上げ切削法でバリ抑制

　反転仕上げ切削法[10]は仕上げ代を残して荒削りを行い、次に荒削りの方向と逆の方向から切込みを浅くして仕上げ加工する方法です。**図 6-22**に示すようにその基本形は荒削りと仕上げ切削の切込み量を小さくすることおよび工具の逆回転、さらに工作物の反転です。いろいろな応用パターンがあります。工具のねじれ方向を変えたり、工作物を反転させれば、その効果を大きくすることができます。

　図（a）はドリルを用いた反転仕上げ穴あけ法です。(a) の上の図は荒削りに右回転ドリルを用い、仕上げには左回転のドリルを用いる方法で

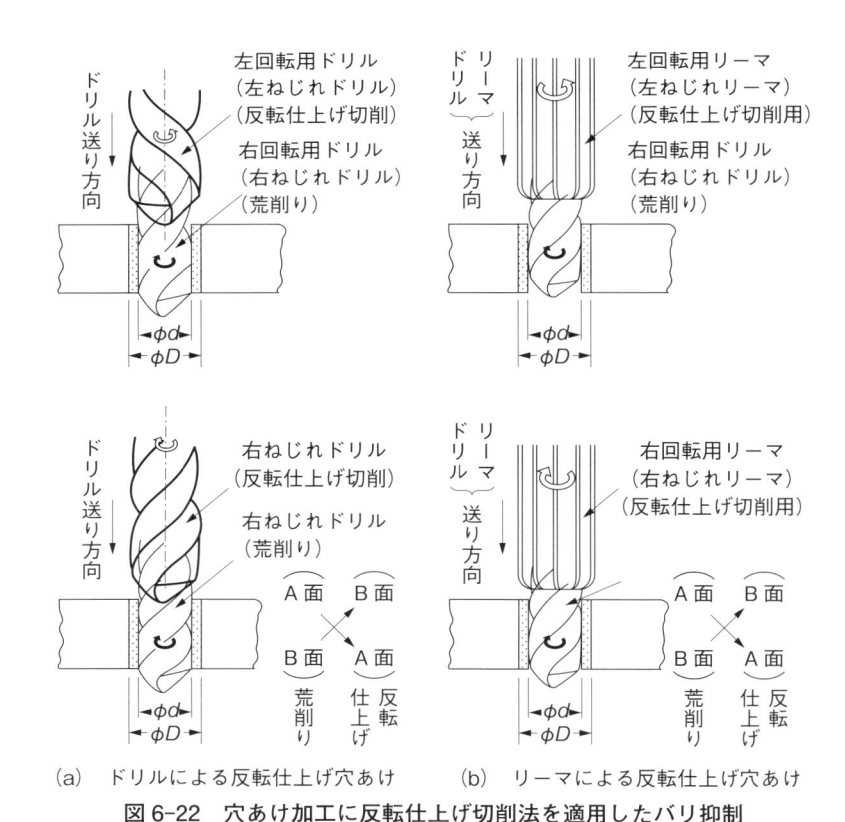

（a）　ドリルによる反転仕上げ穴あけ　　（b）　リーマによる反転仕上げ穴あけ

図 6-22　穴あけ加工に反転仕上げ切削法を適用したバリ抑制

す。

　(a) の下側の図はドリル回転は荒削り、仕上げ削りともに右ねじれ、右回転で穴あけします。しかし、工作物について荒削り後に反転させて仕上げ削りの場合とは逆方向からドリルを進入するように設定します。工作物を反転させない場合には、荒削りのドリル進入方向と180度反対の方向から仕上げドリルを進入させても同様の効果があります。

　図 (b) は仕上げドリルをリーマに変更した例です。すなわち、荒削りには (a) の場合と同じようにドリルを用いますが、つぎの仕上げ削りにはリーマを用います。ドリルの回転、進入方向、工作物の固定と反転は (a) の場合と同じです。穴あけ加工精度を向上させたいときには (b) の方法を用います。

　この加工法で穴あけすると、バリ抑制のほかに穴の仕上げ面粗さや真円度などの加工精度も向上します。

6-5 ● フライス加工によるバリの生成と抑制

(1) フライス加工におけるバリの生成

　フライス加工は1枚または数枚の切れ刃を持つ工具が回転しながら、かつ工作物に対して移動しながら工作物を切削する加工法です。

　側フライスによる溝加工の場合のバリ発生を**図6-23**に示します。

　図中で (3) の引きちぎりバリは、工具の送りに応じたバリ高さの変動が見られます。図の (5) に示すロールオーババリ（出口バリ）が、最も大きなバリとなります。バリ除去のためにはこの (5) ロールオーババリ（出口バリ）を抑制する必要があります。

　正面フライス加工の一例を**図6-24**に示します。正面フライス加工によるバリは**図6-25**に示すように送り方向では正面フライスの食いこみ側端面A、と離脱側端面Bに生じます。また送りと直角方向には正面フ

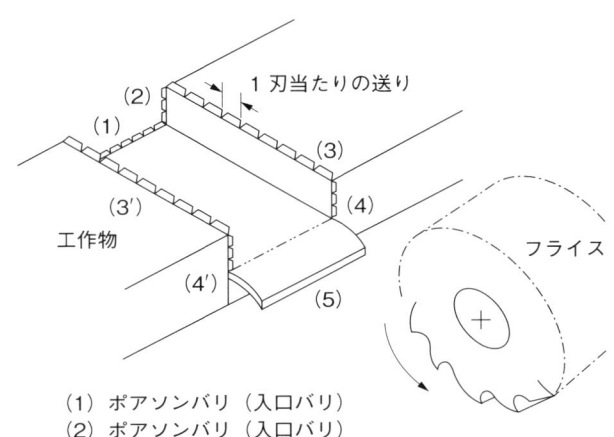

(1) ポアソンバリ（入口バリ）
(2) ポアソンバリ（入口バリ）
(3) 引きちぎりバリ
(4) 引きちぎりバリ
(5) ロールオーババリ（出口バリ）

図 6-23　側フライスによる溝加工において生ずるいろいろなバリ

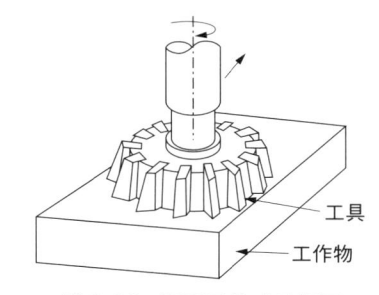

図 6-24　正面フライス加工

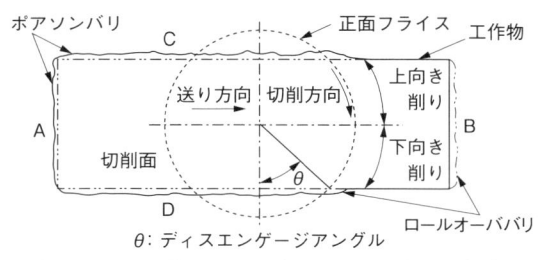

θ：ディスエンゲージアングル

図 6-25　正面フライス加工によるバリの生成

ライスの食込み側端面Cと離脱側端面Dのそれぞれにバリが生じます。AおよびC側に生じるバリはポアソンバリです。BおよびD側に生じるバリはロールオーババリとなります。

このとき発生するバリの大きさを示したのが**図6-26**[9]です。図でカッタの逃げ面摩耗がない場合（○印の直線）のバリ根元厚さは、1刃当たりの切込みが大きくなれば指数的に大きくなります。図では $W=0.45S_z^{0.24}$（W：バリ根元厚さ、S_z：1刃当たりの送り）となります。図からバリを抑制するには、切込みを小さくすればよいことが分かります。

（2） 鋭い切れ刃でバリ抑制

摩耗した工具を用いると、生成するバリの大きさは、鋭い切れ刃の工具より大きくなります。図6-26は切れ刃の逃げ面摩耗（金属を削ったときに生じた工具の摩耗）が進行した工具（カッタ）と新品の工具と比較したデータです。図は、S45Cを正面フライス加工した場合に生成するバリ根元厚さについて示しています。

逃げ面摩耗のある工具を加工に使用すると、図6-26の最も上側の□印

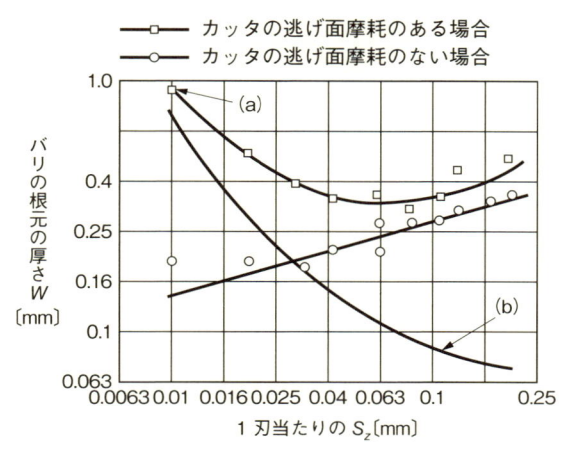

図6-26　正面フライス削りにおける1刃当たりの送りのバリ生成におよぼす影響（Schäfer）

の線になります。1刃当たりの送りが少ない条件、例えば、図の（a）に示すように、0.01 mm の送りでは逃げ面摩耗がバリ生成に大きな影響を及ぼします。バリ根元厚さは約 1.0 mm 近くにもなります。送りを大きくしていけばバリ根元厚さは小さくなりますが、新品の工具（図の○印の線）よりは常に大きなバリが生成されます。このことから、工具摩耗とバリ厚さの関係を常に考えて、加工することが重要となります。

　図の（b）線はカッタの逃げ面摩耗が、バリに及ぼす影響を示したものです。逃げ面摩耗のあるカッタを使用すると、1刃当たりの送りが小さいときは逃げ面摩耗があるために大きなバリを生成させています。1刃当たりの送りを増やしていくと、バリの生成に関する逃げ面摩耗の影響は小さくなってきます。しかし、カッタの送り量の影響がしだいに大きくなってきます。この結果、図で逃げ面摩耗があるカッタが生成するバリの大きさは、カッタの送りが小さい条件と大きな条件で大きくなります。つまり、図 6-26 の□印の線が U 字型になっている理由です。

（3） 切込みを小さくしてバリ抑制

　図 6-26 で示したように切込みを小さくすれば、バリ根元厚さは小さいことが分かります。これを適用した事例が**図 6-27** です。図の溝入れで1回の切込みで図の b 線まで削り込むと部品エッジ AB と CD に生成するバリは大きくなります。これを第 1 段階で小さな切込みとして図の a 線まで削り込んで加工して、バリを小さく抑制した例です。バリ生成を

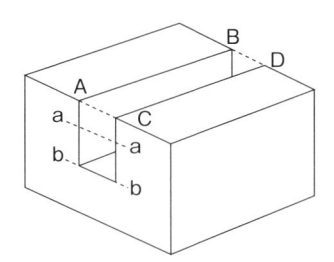

図 6-27　フライス加工による溝切り

小さく抑制でき、除去が容易になります。小さなバリに抑制して、バレル加工などの安価で汎用性のある装置で、バリ取りを行うように工夫したものです。

（4） 工具回転と送り方向を工夫してバリ抑制

図 6-28 はフライス加工で工具の回転方向を工夫して、バリ抑制ができる方法を示してあります。下向き削りの方法が、切削の端となる部品エッジのバリは小さくなります。荒加工を上向き削りで加工して、仕上げ加工で工具を逆回転させて下向き削りとした反転切削方式でバリを抑制できます。図（a）は工具を逆回転させて下向き削りにした例です。図（b）は工作物の送り方向を変えて下向き削りにした例です。

（5） 工具の送り方向を変えてバリ抑制

フライス加工でバリを除去しやすい方向に出したものが次頁の**図 6-29、6-30、6-31** です。カッタの送り方向を変えれば、バリが生成する部品エッジを変えることができます。加工前に、バリの除去しやすさを考えてカッタ送り方向を決定する必要があります。バリ取り工程の前

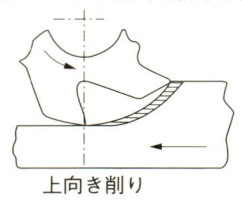

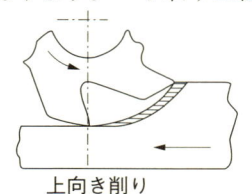

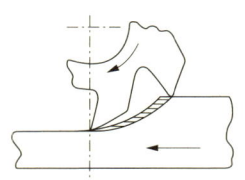

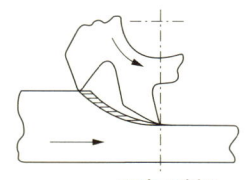

上向き削り	上向き削り
下向き削り	下向き削り
（a）　工具を逆回転する方法	（b）　工作物の送り方向を変える方法

図 6-28　上向き削りと下向き削り

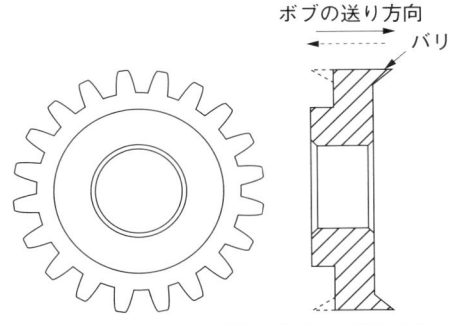

図 6-29 カッタの送り方向とバリ (1)

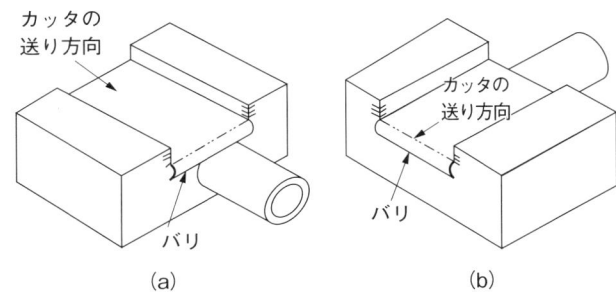

(a)　　　　　　　　(b)

図 6-30 カッタの送り方向とバリ (2)

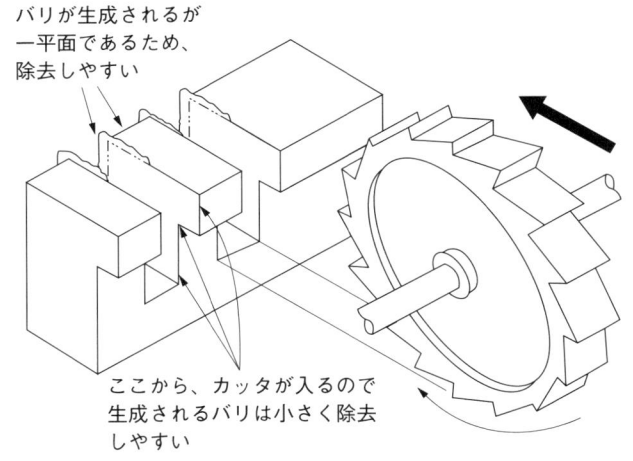

バリが生成されるが一平面であるため、除去しやすい

ここから、カッタが入るので生成されるバリは小さく除去しやすい

図 6-31 カッタの送り方向とバリ (3)

工程となるフライス加工工程では、バリ取り作業の難易性を把握することが重要です。

（6） 工具の種類を変えてバリ抑制

図6-32のように正面フライス加工を側フライスに、工具形状をかえて加工することによってバリを大幅に抑制できます。

シャフトにキー溝を加工するとき図6-33に示すような総形フライス、または総形エンドミルを用いてキー溝とエッジ仕上げを同時加工すれば、

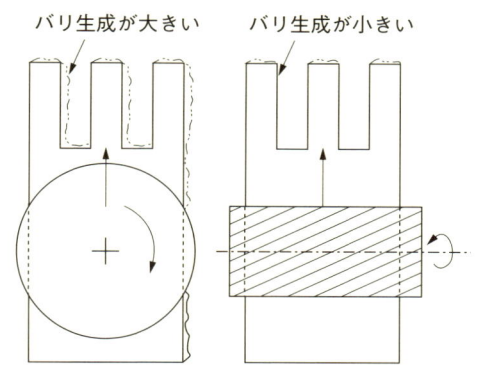

（a） 正面フライスを用いた場合　　（b） 側フライスを用いた場合

図6-32　側フライス加工への変更によるバリの抑制

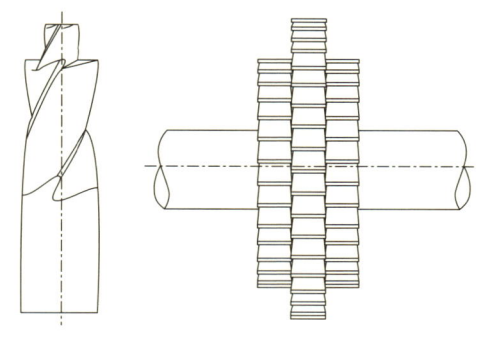

図6-33　キー溝を加工するための工具

バリの生成はほとんど見られなくなります。

（7） 反転仕上げ切削法でバリ抑制

図 6-34[10] に示したように反転仕上げ切削法を適用すると、バリが抑制できます。図（a）に示す荒仕上げ後、次の仕上げ切削の方向について、荒仕上げ方向と同方向が図（b）です。荒仕上げ方向と反対方向が図（c）です。図（c）で、荒削りでひずんでしまった材料結晶が、反転

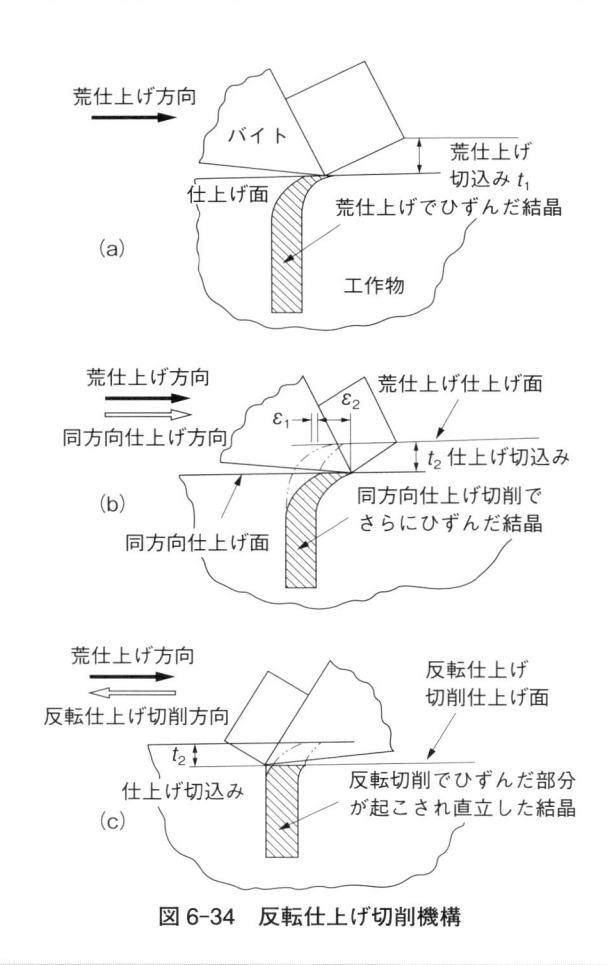

図 6-34　反転仕上げ切削機構

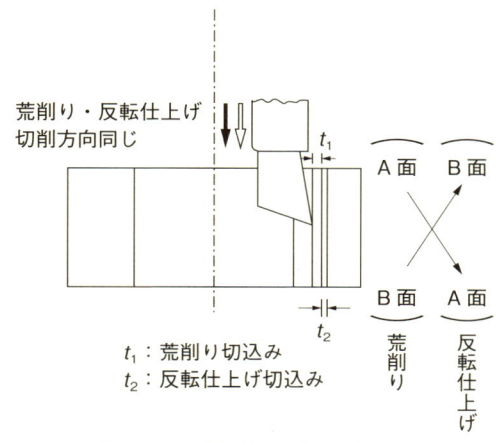

図 6-35　反転仕上げキー溝加工

切削で引き起こされる様子がわかります。これによって、バリを抑制できます。これをキー溝加工に適用した例が**図 6-35**[10]です。反転仕上げ切削法は仕上げ工程が増えますが、バリ取り・エッジ仕上げを含めて、トータルコストが安くなる場合には実行すべきです。

6-6 ● せん断加工によるバリの生成と抑制

（1）　せん断加工におけるバリの生成

図 6-36 に示す形状の部品を造る場合、せん断加工を用います。せん断工具の断面を**図 6-37** に示します。ポンチとダイスの間に素材を挟み、ポンチを引き下げることによって素材をせん断して図 6-36 の部品を造ります。

加工中のポンチとダイスおよび素材の拡大を**図 6-38** に示します。図に示すようにポンチとダイスの切れ刃がくいこんだとき、ポンチとダイスのエッジから距離 d だけ離れたところにクラックが発生し、材料が打

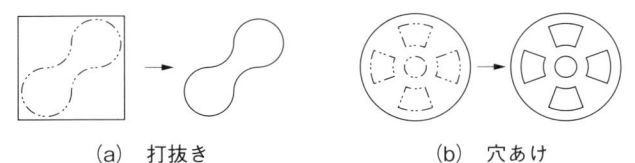

(a) 打抜き　　　　　　　(b) 穴あけ

図 6-36　せん断加工を適用した部品

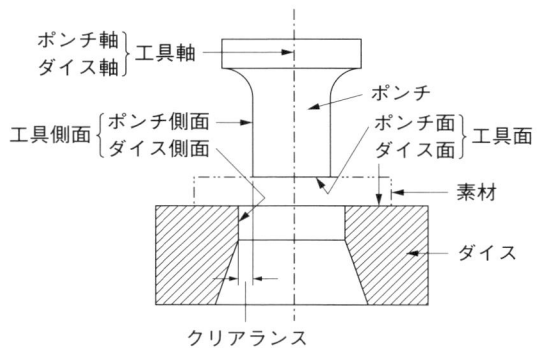

図 6-37　せん断工具の各部

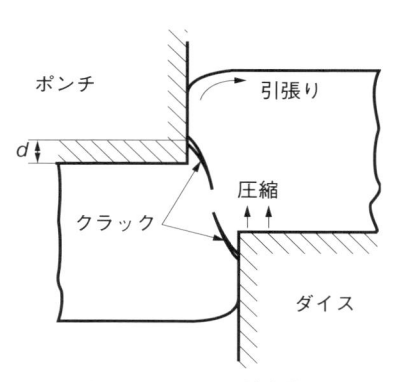

図 6-38　せん断機構

ち抜かれます。さらに、ポンチとダイスのエッジ丸みに比例して距離 d が大きくなります。エッジ丸みはポンチの摩耗量ですから、バリ高さを測定すればポンチの摩耗量がわかります。

　その切り口は図 6-39 に示すようにだれ、せん断面、破断面、バリに

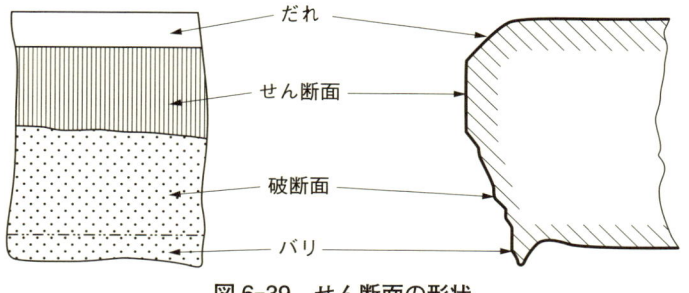

図 6-39　せん断面の形状

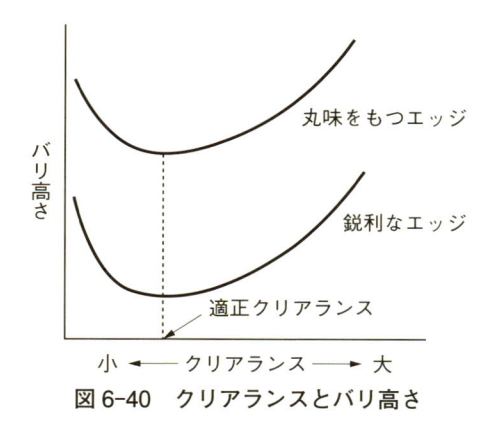

図 6-40　クリアランスとバリ高さ

なります。このバリは多くの加工因子によって大きくなります。その1つがポンチとダイスのクリアランスです。

　打抜き加工の場合には、ポンチとダイスのクリアランスが、バリ高さに大きく影響します。**図 6-40** はバリ高さがクリアランスとポンチとダイスのエッジ丸みにどのように影響されるかを示したものです。バリの高さは適正クリアランスで最も小さくなります。クリアランスが大きすぎても小さすぎてもバリは大きくなります。つまり、バリの高さはクリアランスが大きくなるに従ってU字型になります。ポンチとダイスのエッジが摩耗して丸みが大きくなると、バリは鋭利なエッジより大きくなります。適正なクリアランスは**表 6-1** に示すように、材料によって決まります。どれくらいのクリアランスを選択するかが重要な技術です。

表 6-1　適正クリアランス（素材の板厚に対して）

材　質	適正クリアランス〔％〕
低炭素鋼	8〜10
高炭素鋼	14〜18
ステンレス鋼	9〜11
アルミニウム合金	9〜10
黄銅（焼鈍材）	6〜 8
りん青銅	10〜12
銅（焼鈍材）	5〜 7

図 6-41　ポンチとダイスの摩耗

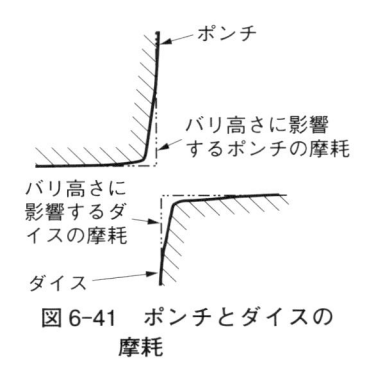

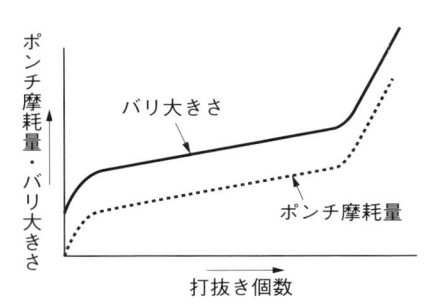

図 6-42　プレス打抜き個数とポンチ摩耗量・バリ大きさの関係

　図 6-41 に打抜きに伴って生じるポンチとダイスの摩耗を示します。打抜き加工が進んでくると、工具端面の摩耗も図のような形状で進んでいきます。さらに、図 6-42 に示すように、打抜き枚数の増加とともにポンチとダイスの摩耗にほぼ比例してバリ高さも高くなっていきます。

（2）　型の組立て精度を上げてバリ抑制

　ポンチとダイスの組立精度も重要です。金型の組立精度が悪いとポンチとダイスが偏芯しますので、クリアランスが不均一となります。その結果、図 6-40 で示した適正クリアランスからはずれてしまいますので、その偏芯でバリが不均一になります。

（3） プレス精度を向上させてバリ抑制

　プレス装置の剛性・静的精度は、金型のポンチとダイスのエッジの摩耗に大きく影響します。**図6-43**に示すように、プレス装置の静的精度が低いプレスでは、静的精度の高いプレスよりポンチとダイスの摩耗が多くなります。その結果、打抜き個数が増えるとバリが大きくなってしまいます。これは**図6-44**に示すバリ大きさの推移曲線で、ポンチとダイスの定常摩耗域で、機械精度が悪いためにその増加割合 α が大きくな

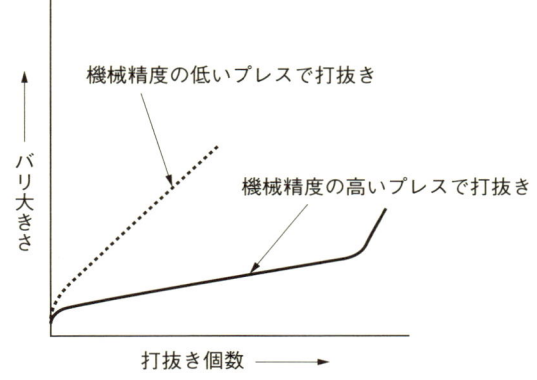

図6-43　バリ大きさに及ぼすプレス精度の影響

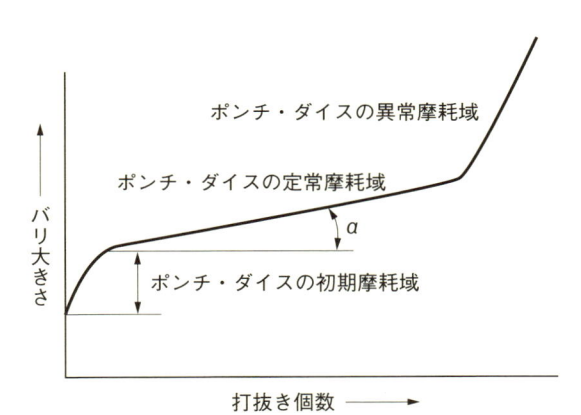

図6-44　プレス打抜き部品のバリ大きさの変化

るからです。ラム調整ねじの調整やスライドすきまの調整によりラムの傾きを補正して、プレス装置の精度向上・維持に常に注意を払うべきです。せん断加工では型材料、型組立、精度の高い装置を用いることが必要で、バリの大きさは技術レベルの指標と言えます。

（4） 摩耗の少ない型材料でバリ抑制

せん断加工に用いるポンチとダイスの設計段階で、バリ生成を考慮すべき事項に型材料の選定があります。バリを抑制できる型材料、いいかえれば、型の摩耗が小さい材料は図6-44に示すように定常摩耗域でその増加割合 α の小さいものと初期摩耗域の小さい材料といえます。例えば、表面処理を施こし耐摩耗性を向上させた材料を用いることです。または、耐摩耗性の高い超高合金で、型のエッジとなる部分のチッピングを生じない型材を用いることにより、バリ抑制ができます。

（5） 上下抜き加工法を用いてバリ抑制

せん断工法を変えてバリ抑制を図る方法が、**図6-45**[11]に示す上下打抜き加工法です。

図（1）に示すように工作物にある程度のせん断変形を与えた状態でポンチを止めます。次に（2）に示すように（1）と反対向きに配置した第2ポンチで工作物のせん断形状を元に戻すように逆に加工します。さらに、ポンチを押し込んで（3）の状態を経て（4）の状態に達すると、第2ポンチ側にも**図6-46**に示したようにせん断面ができてバリは発生しません。つまり、打抜きせん断面の両がわにせん断面、だれが生成されることになります。

この上下抜き加工法はカメラのシャッタ、しぼり羽根、磁気ヘッドを支えるスプリングなどの薄板で製品精度を必要とする部品に適用されています。バリ取りするときに、部品に変形を生じてしまう薄板に有効な加工法です。

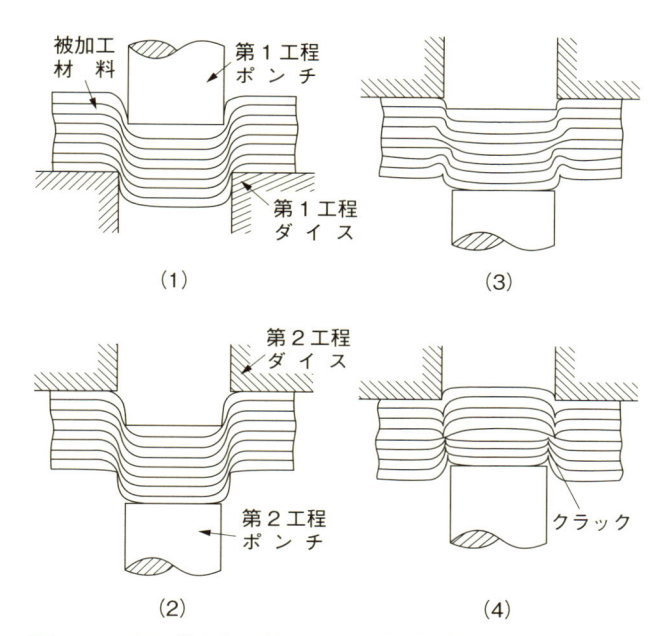

図 6-45　上下抜き加工法による工作物の変形プロセス（前田）

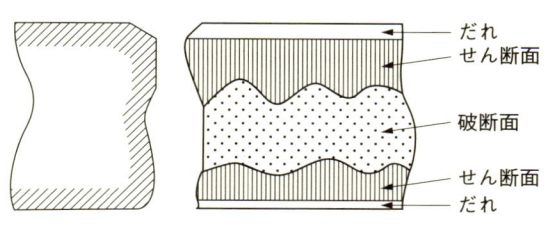

図 6-46　上下抜き加工によるせん断面（前田）

6-7 ● プラスチック成形加工による バリの生成と抑制

（1） プラスチック成形加工におけるバリ生成

　プラスチックは熱硬化性と熱可塑性に分類されます。熱硬化性プラスチックにガラス繊維を補強した成形品のバリは除去されにくくなります。

　プラスチック成形加工におけるバリ発生を含めた成形不良は、図6-47に示すように成形品設計、金型の設計・加工・組立、および成形機、成

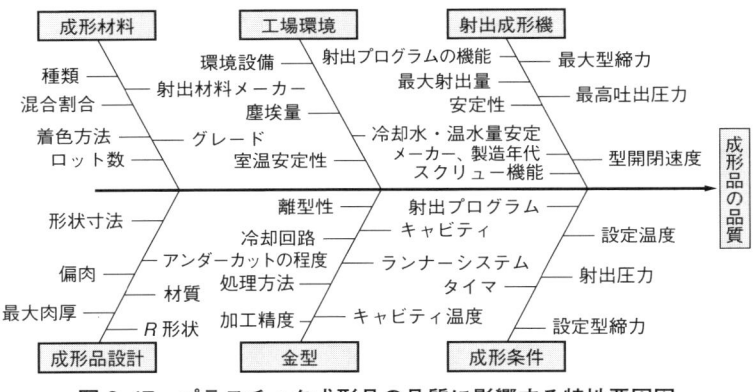

図6-47　プラスチック成形品の品質に影響する特性要因図

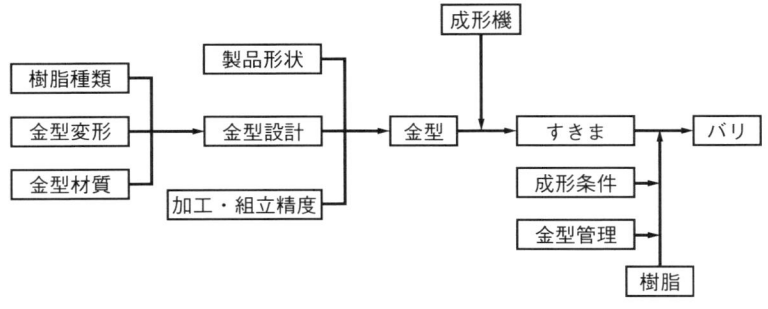

図6-48　プラスチック成形加工におけるバリ発生

形条件、成形材料、および工場管理などの多くの要因があります。

　成形バリは図 6-48 に示すように金型にすきまができて、そのすきまに成形樹脂が流れ込んでバリとなります。このバリは金型の剛性不足、成形時の型締め力不足、射出圧力や温度上昇による変形に起因するものです。

（2）　金型構造シミュレーションでバリ抑制

　プラスチック射出成形に生成するバリに影響する因子が図 6-47 に示すように多いので、発生原因と対策は複雑です。このため、着実にノウハウを蓄積していくとともにシミュレーション解析を併用することが重要です。

　金型は稼働中に変形してすきまをつくりますので、コンピュータ・シミュレーションにより解析します。金型に作用する力や熱による変形に対しての静剛性や熱剛性の観点から金型を設計してバリ抑制すべきです。

（3）　成形バリの原因を確かめて抑制

　成形バリを抑制するには、バリの生成状況をよく観察することが必要です。バリ発生の原因をつきとめて、設計へのフィードバックが重要です。製造部門で成形条件の調整によって対応できることもあります。

第7章
バリ取り・エッジ仕上げ法の種類と特徴

　バリ取り・エッジ仕上げ法には多くの種類があります。一般的なバリ取り・エッジ仕上げ方法はロータリーカッタなどの回転工具、ブラシ加工、バレル加工です。いずれの方法も新しい工具や方法が開発されていますので、日頃からバリ取り・エッジ仕上げの情報を収集することが重要です。急いで情報を集めようとしてもバリ取り方法の種類も多く、メーカーも多いので時間を要します。

7-1 ● バリ取り・エッジ仕上げ法の種類

バリ取り・エッジ仕上げ法には多くの方法があります。図 7-1 に示した方法は約 30 種類あります。図は機械的エネルギー加工、電気的エネルギー加工、化学的エネルギー加工、熱的エネルギー加工による方法でわかりやすく分類したものです。それぞれのエネルギー加工だけでバリ取り・エッジ仕上げ加工ができる方法とそれらを複合させて行う加工法があります。

実際に多く利用されているバリ取り・エッジ仕上げ法は、機械的エネルギーを利用した加工方法です。しかし、最近では部品の小型化、高度化、複雑化、高精度化に対応して半導体加工技術を応用した電気的エネ

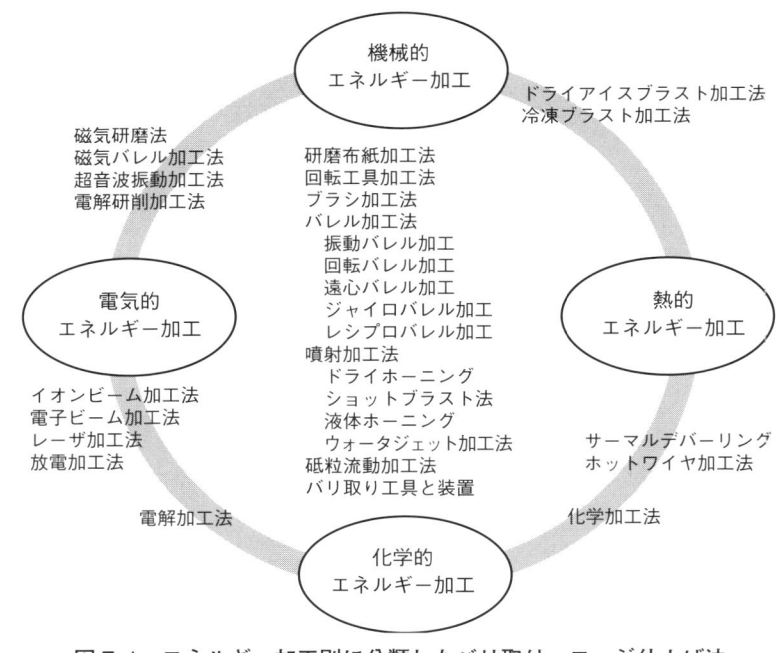

図 7-1 エネルギー加工別に分類したバリ取り・エッジ仕上げ法

ルギー加工も利用されてきています。

　バリ取り・エッジ仕上げを部品に適用するには、まず数多くある方法の加工原理や特徴を理解しましょう。本章ではこれらのバリ取り・エッジ仕上げ法の原理と特徴について図7-1で機械的、熱的、化学的、電気的、さらに便利なバリ取り・エッジ仕上げ工具・装置について説明します。数多くある方法からどの方法を採用すればよいか、すなわちその選択が大きな課題になりますので、次の8章ではこの選択について説明します。

7-2 ● 研磨布紙加工法

　研磨布紙加工法に用いる研磨布紙の断面構造を図7-2に示します。表面に研磨材を接着してあります。これをエンドレスに製作した研磨ベルトを図7-3に示すようなベルト研磨機に装着して加工を行う方法です。工作物形状や加工目的によって方式を選定します。

　図7-4に示すベルト研磨機は、工作物の上面に生成されたバリを自動的に除去する装置です。工作物と研磨ベルトをクロスさせて、研磨ベルトの切込みをプラテンで調整します。工作物をガイドに沿って移動させ

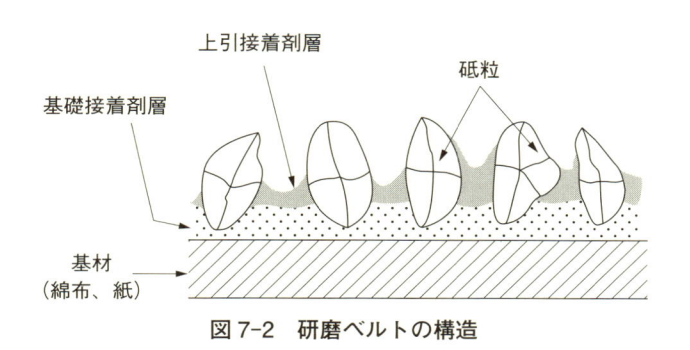

図7-2　研磨ベルトの構造

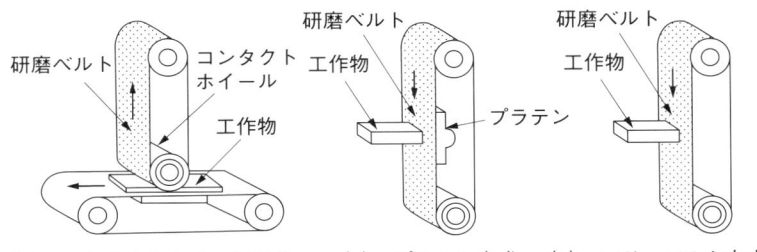

図7-3 (a) コンタクトホイール方式 (b) プラテン方式 (c) フリーベルト方式

図7-3 ベルト研磨機の方式

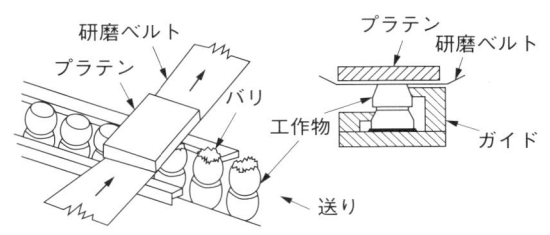

図7-4 ベルト研磨機によるバリ取り

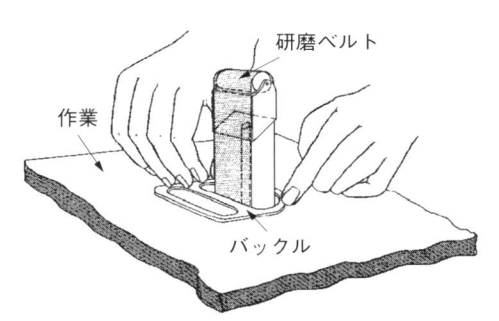

図7-5 バックル（工作物）の内側エッジ仕上げ

てバリ取りを行う、能率の良い方法です。

　図7-5には工作物であるバックルの内側エッジ仕上げの例を示します。図7-3（c）の方式を用い、バックルの内側の曲面の研磨と同時にエッジに丸みを持たせた仕上げを行うのに利用されています。

7-3 ● 回転工具加工法

やすりなどを用いた手作業によるバリ取り・エッジ仕上げに比べて能率よく、簡単な構造で使いやすい回転工具が多く開発されています。これらの回転工具を電動道具に取付ける、ロボットハンドの駆動装置に取付ける、専用自動機に取付ける、マシニングセンタに取付けることも可能です。この方法を適用して、バリ取りの自動化や高精度のエッジ仕上げが行えます。

回転工具はロータリカッタ、軸付き砥石（といし）、研磨布紙、不織布、フェルト、ワイヤブラシ、専用工具など多くの種類があります。

これらの工具を駆動する道具も回転、振動、超音波など多種あります。これらをうまく使い分けるには常に最新情報を入手しておく必要があります。また、製造現場で部品に応じて作業者が工夫して作ったものもあります。次にいくつかの例を示します。

図7-6は回転工具の例です。図7-6のロータリカッタは切削能力が高いので、大きなバリの除去や面取りに用いられます。図7-7は研磨部分にスリットが入っていますので、曲面や複雑な凹凸部にも柔軟になじむ構造になっています。そこで、図7-8に示すように穴あけ加工後の穴入口のバリ取り、エッジ処理を行うことができます。さらに図（b）に示すようにパイプ内面のバリ取り・研磨を行うことができます。

図7-6　回転工具（（株）ナカニシ）

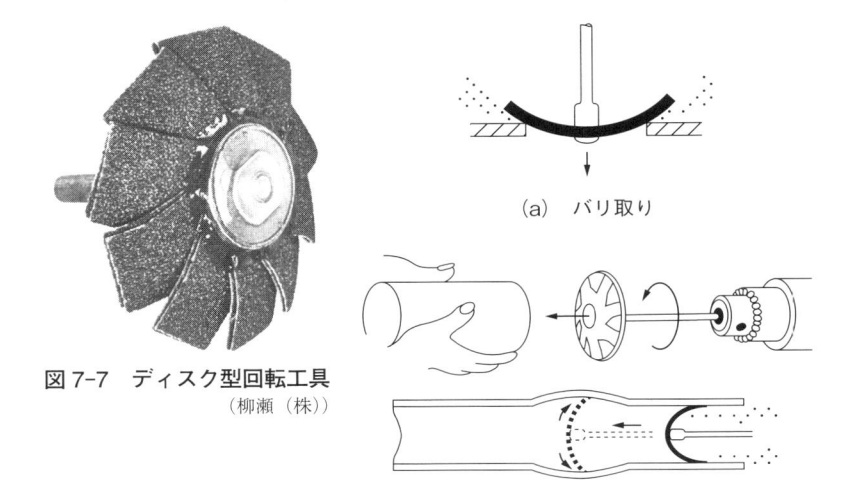

図 7-7　ディスク型回転工具
(柳瀬(株))

(a)　バリ取り

(b)　パイプ内面のバリ取り・研磨

図 7-8　ディスク型回転工具によるバリ取り
((株)イチグチ)

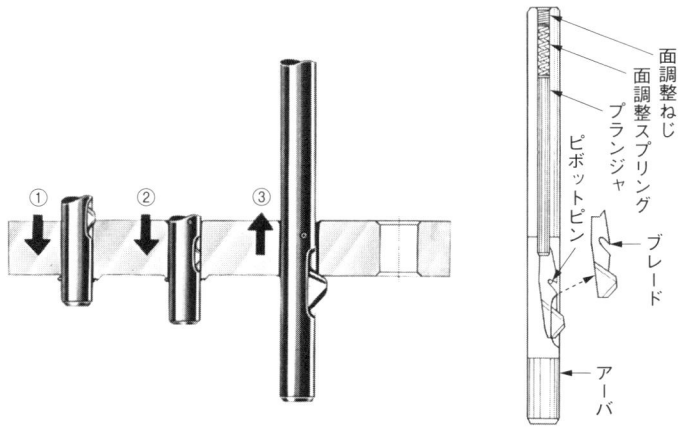

図 7-9　穴のバリ取り工具—バラウエイツール (コグスデイル社)

面調整ねじ
面調整スプリング
プランジャ
ピボットピン
ブレード
アーバ

図 7-9、7-10 は穴あけ加工後の穴入口と出口側のバリを同時に処理する工具の例です。傾斜面、パイプ内外面に生成したバリを効率よく処理することができます。

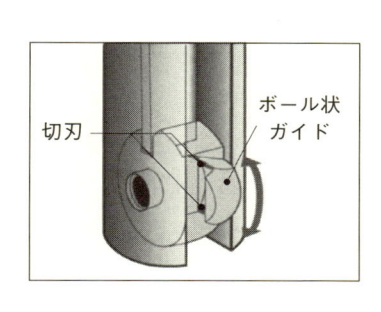

傾斜面　パイプ

コの字部　クロス穴

(a) 工具の構造 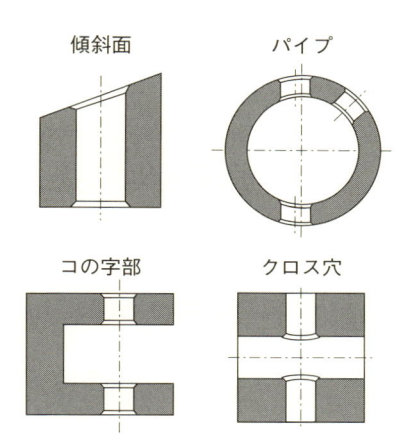　　(b) バリ取りできる対象部品

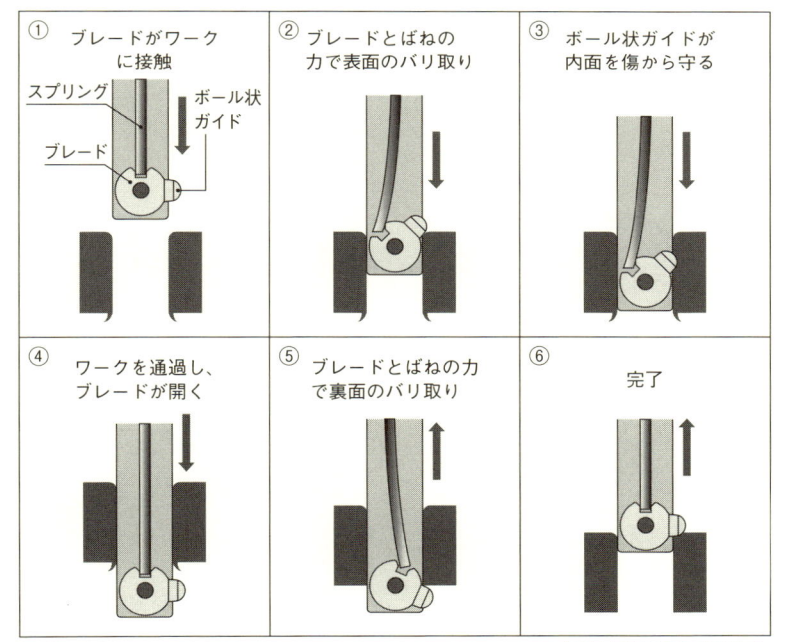

① ブレードがワークに接触
スプリング　ボール状ガイド
ブレード

② ブレードとばねの力で表面のバリ取り

③ ボール状ガイドが内面を傷から守る

④ ワークを通過し、ブレードが開く

⑤ ブレードとばねの力で裏面のバリ取り

⑥ 完了

主軸は常に正回転です。

(c) ブレードとばねの力でバリ取り

図 7-10　穴のバリ取り工具—バリカット（大昭和精機（株））

第7章●バリ取り・エッジ仕上げ法の種類と特徴

7-4 ● ブラシ加工法

（1） ブラシ工具の形状

ブラシ工具の種類は多く、また部品形状、バリの大きさや形状、エッジ品質、部品材質などの要求・仕様に合わせて製作することができる特徴があります。ブラシの種類を形状から分類して図 7-11 に示します。

ホイルブラシは一般的で、工作物のバリ取り・エッジ仕上げ、研磨、クリーニングに用いられます。

カップブラシは通常、ディスクグラインダに取り付けて使用されます。

エンドブラシはスペースに制限のある個所で使用される底磨き用のブラシで、ポータブルのグラインダに取り付けて使用されます。

コンデンサブラシは円筒内やねじ山をクリーニングしたり、仕上げたりするために、ポータブルの電動工具またはエアー工具に取り付けて使用されます。

ホイルブラシ　　コンデンサブラシ

カップブラシ　　広幅ロールブラシ

エンドブラシ　　ミニチュアブラシ

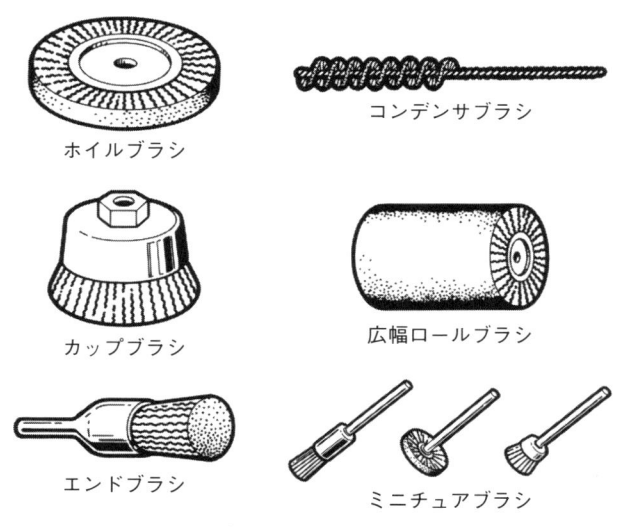

図 7-11　ブラシの形状（(株) バーテック）

広幅ロールブラシは厚みが外形より大きなブラシのことを言います。製鉄工場で圧延後のディスケーリングをはじめ、長尺の帯状製品に適用されます。

ミニチュアブラシは金型、小形部品、宝石、歯科技工作業などの仕上げに使用されます。

（2） ブラシの材質

ブラシに用いるワイヤ材質はピアノ線、ステンレス線、黄銅線、硬鋼線などの金属線、ナイロンなどの化学繊維、タンピコなどの植物繊維、豚毛、馬毛、山羊毛などの動物毛があります。

（3） ブラシ加工の特徴

ブラシ工具は弾性があり、柔軟性に富むので部品形状に倣ったバリ取り・エッジ仕上げができます。

図7-12はファイバ樹脂製のブラシの先端に、砥粒ボールを接着させた構造の「フレックスホーン」というブラシ工具です。弾力性に富みますので、図7-13に示すように凹凸のある円筒内面でも隈なく研磨、バリ取りを行うことができます。

図7-14に示すブラシ工具「ラジアル・ブリッスルディスク」は研磨砥粒入り特殊樹脂ブラシで、部品の曲面や複雑な凹凸形状に倣ってよくなじみ、仕上げることができます。仕上げは微量ずつ行われるので、エ

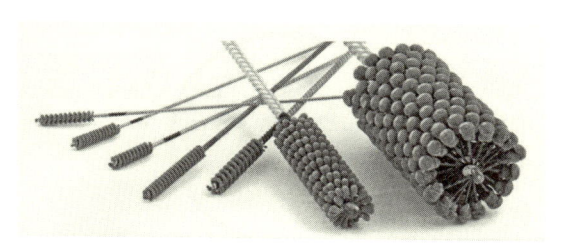

図7-12　円筒内面研磨ブラシ―フレックスホーン
（BURUSH RESEARCH MANUFACTURING社）

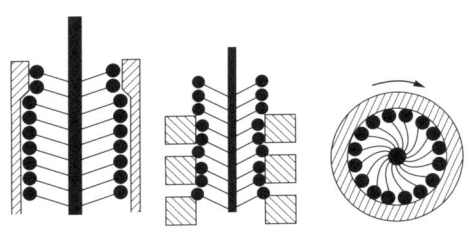

図7-13　フレックスホーンによる加工

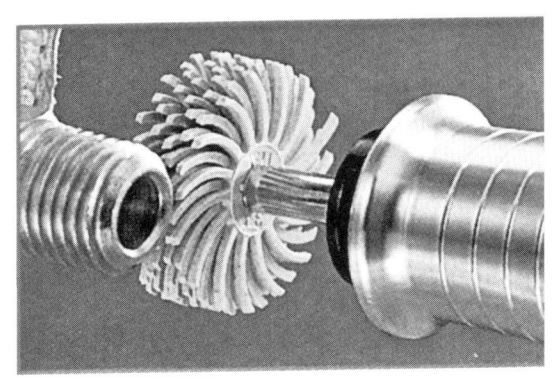

図7-14　研磨砥粒入り特殊樹脂ブラシ―ラジアル・ブリッスルディスク（住友スリーエム（株））

ッジは丸くなり二次バリは生成されません。

7-5 ● バレル加工法

　バレル加工は**図7-15**に示すようにバレル（槽）の中にメディア（研磨材）と工作物、コンパウンド（研磨助剤）と水を一定の割合で混合して充填し、バレルに種々の運動を与えた加工です。バレルに与える運動には回転、振動、遠心、往復動などがあります。

　このバレルの運動によって生じた流動層で、工作物とメディアに相対運動差を生じさせて、衝突・擦れ合いによってバリ取り・エッジ仕上げ、

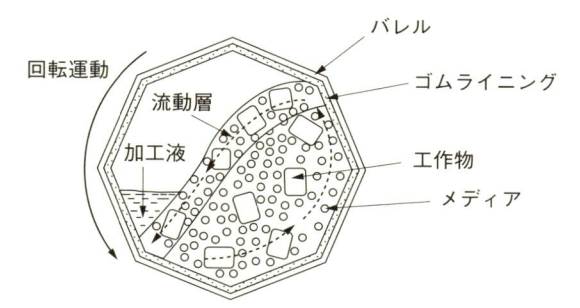

図 7-15 バレル研磨法（回転バレル方式）

図 7-16 バレル加工方式

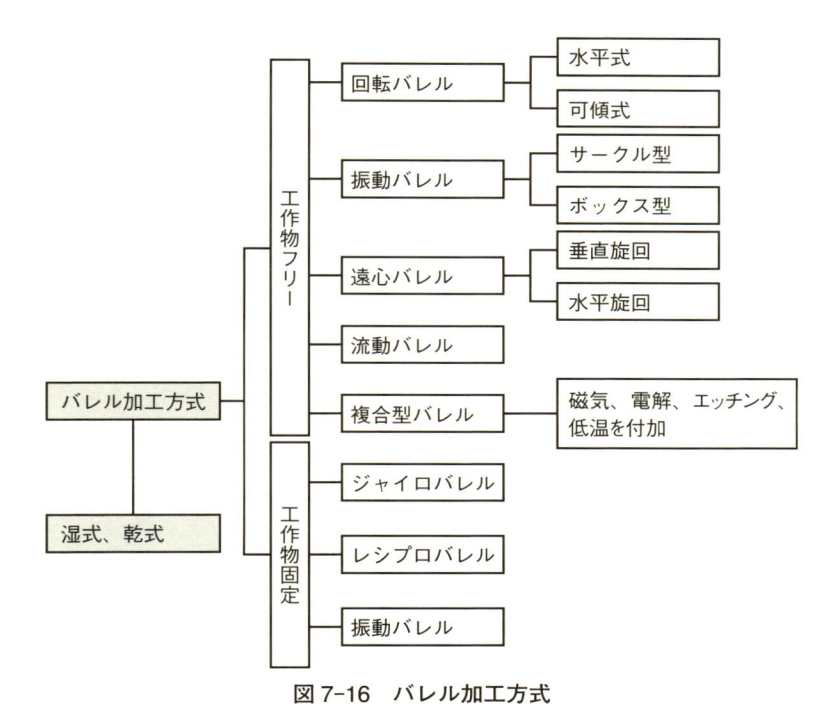

表面仕上げを行う方法がバレル加工法です。

　バレル加工の方式には、バレルの運動の種類から分類されます。図 7-16 に示すように工作物がメディアの中でフリーの状態と治具に固定さ

れる方式とに大別されます。精密部品なので衝突を避けたい、工作物が大形で搬送装置で取扱いたいなどの場合には、固定方式が採用されます。さらにバレルへ与える運動によって分類され、回転、振動、遠心、流動、磁気、ジャイロ、レシプロバレル加工方式があります。

(1) バレル加工の特徴と適用

バレル加工法はマスフィニッシングとも呼ばれ、汎用性に富み、広い分野に適用されています。次のような特徴があります。

① バレル加工法はバリ取り、エッジ仕上げ、平滑仕上げ、光沢仕上げ、めっき・塗装の前仕上げ、スケール除去など複数の表面仕上げを同時に行うことができ、省人化が図れます。
② 対象とする工作物の材質は金属、プラスチック、セラミックス、貴金属などに適用できます。
③ バレル加工法は非常に小さな時計部品、宝石類から自動車、航空機などの大形部品まで適用できます。
④ バリ根元厚さ 0.2～0.3 mm 程度まで、0.5 mm 以上は除去できません。
⑤ 多量の工作物をバッチ、またはインラインで処理することができますので、生産性に優れます。
⑥ 工作物の寸法・形状・材質を選ばずに、均一なエッジ品質が得られます。
⑦ 機械操作やメンテナンスが容易で熟練を必要としません。

(2) 回転バレル加工法

回転バレル加工法は**図 7-17** に示すように水平式と可傾式があります。構造が単純なので操作やメンテナンスが容易で、設備価格が安いメリットがあります。また、良好なエッジ仕上げや精密表面仕上げができます。しかし、加工時間はバレル加工法の中で最も長いのが特徴です。

メディア（研磨材）には**図 7-18**[17] に示すようないろいろの種類と形

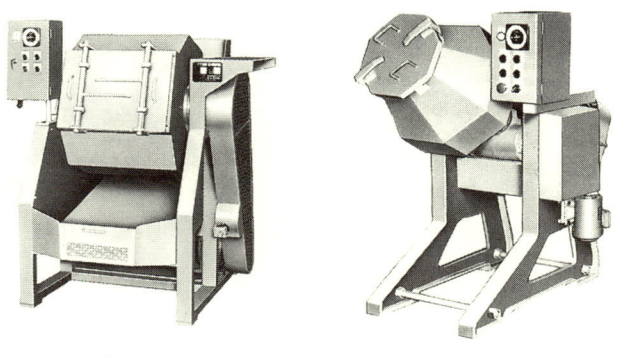

(a) 水平式   (b) 可傾式

図7-17 回転バレル加工機 ((株)チップトン)

セラミックスメディア				
球	塊状	円柱	菱形	三角

プラスチックメディア				有機メディア	
半球	円錐	円錐台	三角錐	粒状	チップ状

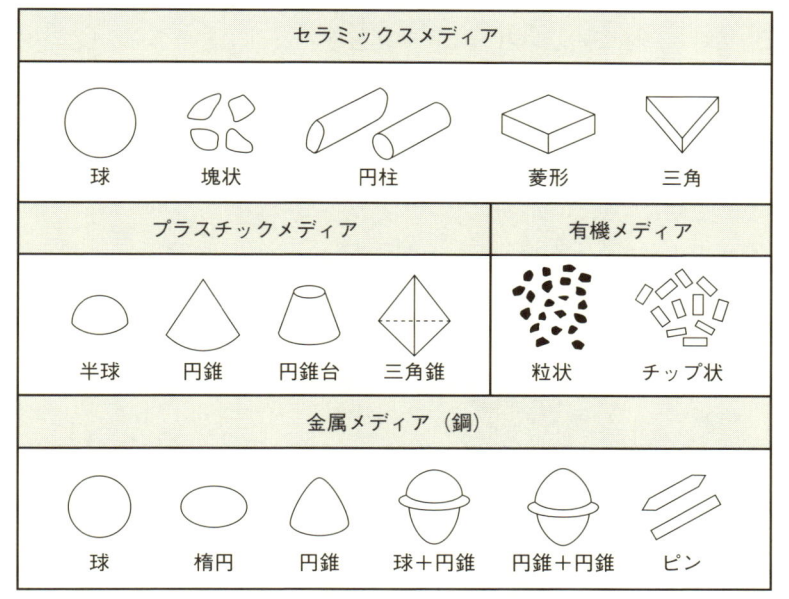

金属メディア(鋼)					
球	楕円	円錐	球+円錐	円錐+円錐	ピン

図7-18 代表的なメディアの種類

状があります。メディアの形状と寸法は使用目的・工作物の材質・形状や寸法によって選定されます。工作物のすべての個所にメディアが接触してバリ残し・磨き残しがないようにメディアの形状と寸法が検討され

ます。工作物のかどや隅の丸みや溝の最小寸法などがメディア選択の重要な要素になります。メディアの材質は工作物の研磨目的によって選定されます。セラミックスメディアは一般的に金属部品に適用されます。プラスチックメディアはアルミニウムや亜鉛などの軟質金属に、金属メディアは金属の鏡面仕上げに、有機メディアは貴金属・眼鏡枠・ボタンなどのプラスチック部品の光沢研磨に用いられます。

研磨能力はメディアが含有する研磨剤の粒度で調整されます。

（3） 振動バレル加工法

振動バレル加工法は図 7-19 に示すようにバレル内に工作物、メディア、水、コンパウンドを挿入し、メディアと工作物とに振動を与えて生じた相対運動差でバリ取り・エッジ仕上げ、表面仕上げを行う加工法です。

バレルの振動で工作物は図 (b) のように動いて仕上げられますので、工作物同士が衝突しないし、加工中に工作物のチェックができます。しかし、振動音が大きいのが欠点です。バレルの形状からサークル形と四角形状のボックス形があります。図 7-19 はサークル形です。

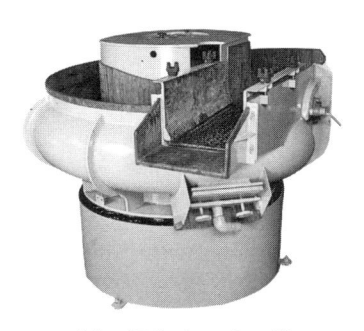

(a) 振動バレル加工機 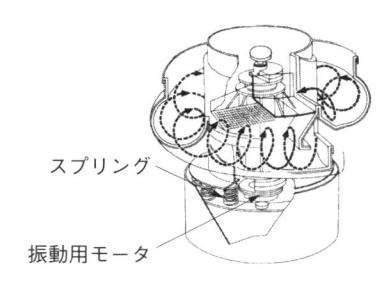　　　　(b) 加工機内での工作物の動き

図 7-19　振動バレル加工機

（4） 遠心バレル加工法

　遠心バレル加工法は、図7-20に示すようにターレット円盤の回転軸芯の同心円状に等間隔でバレルを分離・設置します。ターレット円盤を回転させてバレルに遊星運動を与えて遠心力を発生させます。この遠心力による圧力と流動速度とによってメディアと工作物との混合物に流動層を起こして加工する方式です。バレル大きさを大きくできませんが、研磨力が高く、時計、カメラなどの精密部品、貴金属、歯科部品、電子部品などの超小形部品への適用例が多いのが特徴です。

（5） 流動バレル加工法

　流動式バレル加工法は図7-21に示すように、底部回転盤を洗濯機の

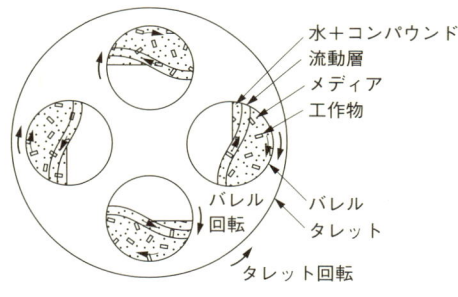

(a) 遠心バレル方式 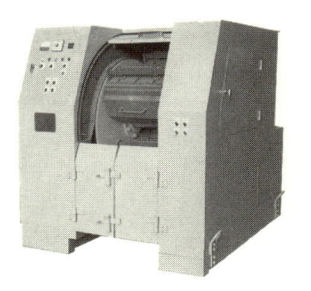　　　　　　　　　(b) 遠心バレル加工機

図7-20　遠心バレル加工法

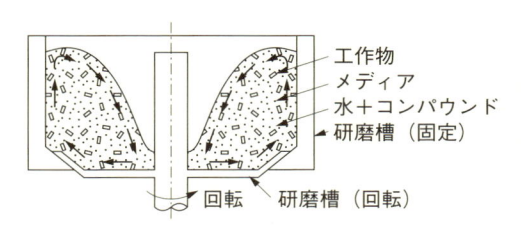

(a) 流動バレル方式 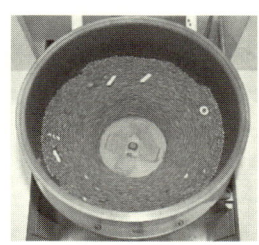　　　　　　　　　(b) 流動状態

図7-21　流動心バレル加工法（新東工業（株））

ように回転させて遠心力を発生させることにより、固定槽内の壁側に流動層を作り出して研磨を行う方法です。

　一般の研磨機に比べ極めて静かな音です。しかも、研磨力は振動バレルの4倍、回転バレルの10倍と強力ですので、処理時間の短縮、生産性も向上します。

（6）　磁気バレル加工法

　磁気バレル加工機は**図7-22**に示すようにポリプロピレン製容器とその下に設置された、高速回転する磁気円盤（永久磁石が取り付けてある）とで研磨機が構成されています。電磁石を用いる方式もあります。この加工部には回転部分がないので耐久性に優れています。

　ポリプロピレン製容器には針状磁気メディア、工作物および洗浄液が装填されています。容器の下の磁気円盤を高速回転させることによって、N極とS極が瞬時に相互に変換する磁場をつくります。

　この磁場によって、ポリプロピレン容器内の針状磁気メディアに反転・回転・振動・撹拌・摩擦運動が生じて、バリ取り・エッジ仕上げ、

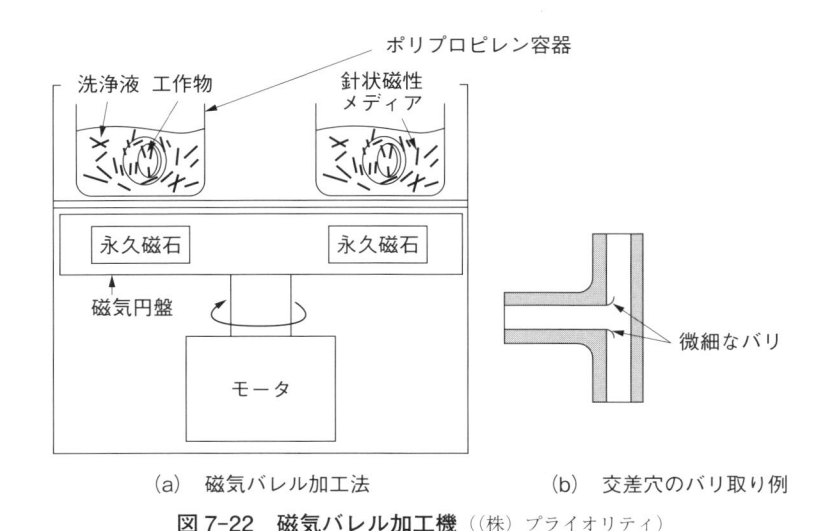

　　(a)　磁気バレル加工法　　　　　　(b)　交差穴のバリ取り例
図7-22　磁気バレル加工機（(株)プライオリティ）

表面仕上げを行います。

磁気バレル加工には次のような特徴があります。
① マイクロバリの除去が可能です。
② 針状磁気メディアが軽く擦って加工を行いますので、薄板でも変形を生じません。
③ 針状磁気メディアはステンレス製で、直径 0.2 mm、長さ 3 mm から用いることができます。このメディアを用いますと小形部品の狭い溝や図（b）に示すような細い穴内部の交差穴のバリ除去や表面仕上げを行うことができます。
④ 微細バリの除去と表面仕上げ向上が可能です。
⑤ 大きなバリの除去は困難です。

（7） ジャイロ式バレル加工法、レシプロ式バレル加工法

ジャイロ式バレル加工法は**図 7-23** に示すようにスピンドルに取り付けた工作物をバレル内に挿入します。そして工作物に正逆交互の回転や上下揺動、遊星運動などの運動を与えてバリ取り・エッジ仕上げ、表面仕上げを行う加工法です。バレルはメディアを入れて固定または回転させておきます。

図 7-24 はジャイロ式バレル加工の一例です。軸状の工作物のバリ取り・エッジ仕上げに用いています。軸状の工作物は正・逆回転しながら、

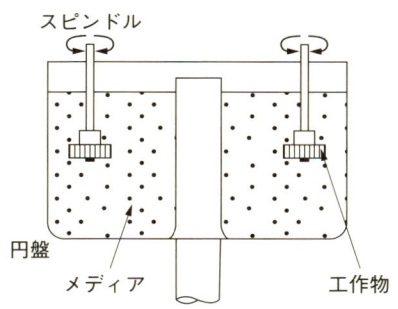

図 7-23　ジャイロ式バレル加工法

図 7-24　ジャイロバレル加工機

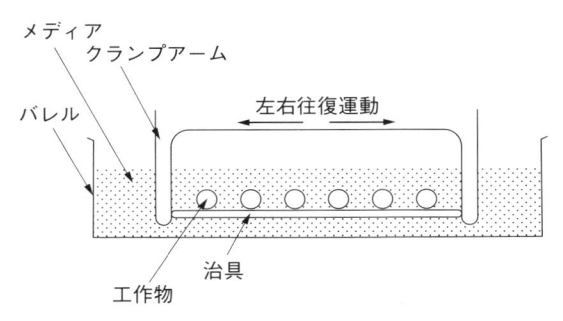

図 7-25　レシプロ式バレル加工法 ((株) チップトン)

バレル内を1周します。メディアはあらかじめテストで選定したものを用い、数ミリの直径を持っています。これらがバレル内に充填されていますので、メディア上面が常に平面にするための治具が設けられています。

　レシプロ式バレル加工法は**図 7-25**に示すようにバレル内で回転できない部品に適用されます。治具に固定した工作物をバレル内に挿入して、メディアの中で上下・左右往復運動や蛇行運動を加えてバリ取り・エッジ仕上げ、表面仕上げを行う加工法です。長尺の部品もバリ取り・表面仕上げができる特徴があります。

　ジャイロ・レシプロ式バレル加工方法では工作物が固定されていますので、工作物表面やエッジへの打痕が発生しない特徴があります。

　ジャイロ式は高精度な小形部品に適用されます。例えば、コンプレッサ部品、ベアリング部品などの部品エッジ・表面仕上げに用いられます。くるみ殻やとうもろこし殻のソフトな有機メディアを用いた乾式では、

眼鏡枠などの鏡面仕上げに用いられています。レシプロ式は大形部品に用いられますので自動車部品、重電部品などが対象になります。

（8） バレル加工方式の比較

バレル加工方式の種類は多いので、いずれの加工方式を選択するか検討する必要があります。表 7-1 は一般的な選択指針です。研磨能力を最優先させる場合には、遠心バレル加工が最も優れます。ただし、処理量が少ないことが欠点です。バリ取り・エッジ仕上げと同時に精密仕上げを行う場合には、回転バレル加工が優れます。また、バリ取り・エッジ仕上げの自動化が優先される場合には、振動バレル加工や流動バレル加工が優れます。どの方式を採用するかを、バリ取り・エッジ仕上げ、生産量、コストの点から決定することになります。

表 7-1　バレル加工方式の比較

項目	バレル加工法			
	回転バレル	振動バレル	流動バレル	遠心バレル
バレルの運動	バレルが回転	バレルが振動	バレル底部が回転	バレルが遊星旋回
研磨能力[1]	1	3〜5	30〜50	50〜200
精密仕上げ	優	可	可	良
部品の変形	小	大	大	中
部品サイズ〔mm〕	100まで	1000まで	100まで	50まで[2]
処理量	中	大	大	小
加工コスト	小	中	中	大
メンテナンス・コスト	小	大	大	大
騒音	小	大	中	中

1) 回転バレル＝1 とする
2) 50 mm 以上のワイヤ形状ができるバレルもある

（9） バレル加工で除去できるバリの形状と大きさ

一般的なバリの形状とその除去能力を図 7-26[23] に示します。図（a）

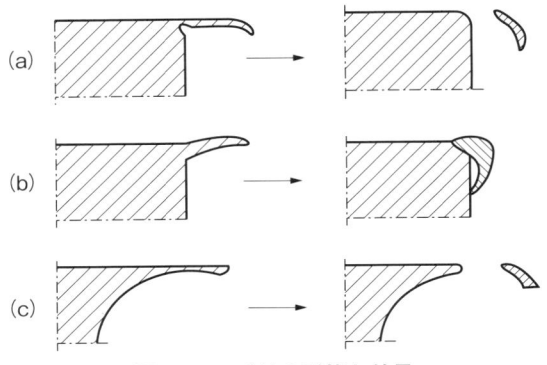

図 7-26 バリの形状と効果

の場合にはバリを容易に除去できます。このときのバリ根元厚さは最大 0.2 〜 0.3 mm です。図 (b) のバリ形状のようにバリ根元厚さが厚くなるとバリが母材に曲がり込み、突起となって残留します。これを除去するには、削り取って除去する必要があります。振動バレル加工で 1 〜 2 時間かかりますので、前加工工程で工夫してバリを図 (a) の形状と大きさにすることが必要です。図 (c) のバリ形状のようにさらにバリ根元厚さが厚くなると、バリの先端部のみ除去されてバリの根元は残ります。一般にバリ根元厚さ 0.5 mm 以上の場合のバリは除去できません。

工作物の材質がもろい場合にはバリ除去は比較的容易ですから、歯車などは焼入れ後にバレル加工を行う方法もあります。

(10) 均一な仕上げを行う工夫

部品表面のバリを均一にバリ取り・仕上げしたいときに、図 7-27[23] に示すような部品ではその形状によって研磨量が異なるので注意が必要です。とくに凹部、隅部は研磨量が少なく、バリ除去不完全、磨き残しが発生しますので対策が必要です。

対策の一例を図 7-28[17] に示します。図 (a) では工作物のすみに丸みがないために磨き残しが発生します。

磨き残しの対策として、図 (b) のように工作物の隅まで研磨量を向

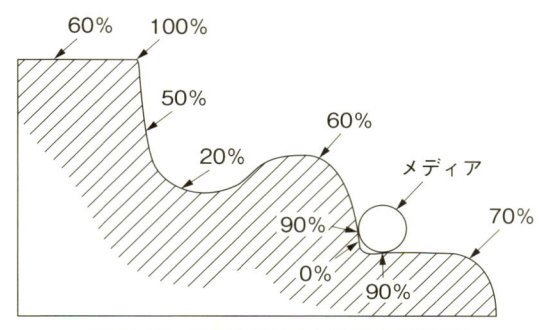

図 7-27　部品形状による仕上げ効果

(a) 磨き残し　　(b) メディアの選定　　(c) 設計変更

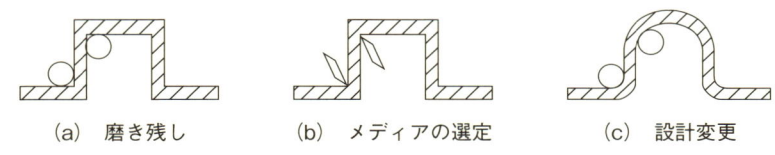

図 7-28　磨き残しとその対策

上できる先の尖ったメディアを選定することです。この方法は、メディアの形状を変えた方法で、現場で実施できる方法です。しかし、先の尖ったメディアに変更した場合には球形状メディアに比べて減耗率が大きく、メディアコストがかかります。

　根本的な改善は図（c）に示すように部品形状を曲面に変更して均一に仕上げられるようにする方法です。この場合、外側面も曲面にする部品設計が工作物の打痕を防止できるので、最善です。

（11）　メディアの目詰まりをなくす工夫

　メディア選定上で重要なことは、部品への目詰まりがないようにすることです。**図 7-29**[17] にこれを示します。図（a）は穴に詰まるメディアの寸法を示しています。穴寸法に対してメディア寸法が 1、1/2、1/3 倍のときに詰まります。メディアが穴に詰まらない条件は図（b）に示すようにメディア寸法が穴より大きい場合です。この寸法のメディアのときが最も仕上げ能力が高く、メディア減耗の影響も小さい条件です。次

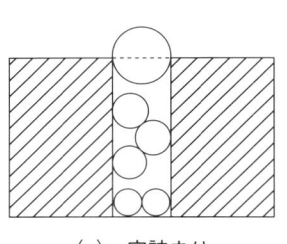

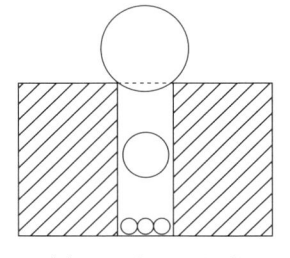

　　　　(a)　穴詰まり　　　　　(b)　メディアの選定

図 7-29　メディアの穴詰まりとその対策

に目詰まりのないメディア寸法は穴より若干小さくて、穴寸法の 1/2 より大きい場合です。この場合はメディアの寸法選別を正確に、頻繁に行う必要があります。さらに、穴径の 1/3 以下のメディアサイズの穴づまりはありません。しかし、バリ取り能力が低くなりますので、加工時間がかかります。

　穴径より大きい寸法のメディアは研磨能力がありますので、加工時間短縮するために採用したくなります。しかし、バレル研磨時間の経過とともにメディア寸法が小さくなり、穴に詰まる寸法になりますので加工中にメディアが穴に詰まる問題が発生してきます。メディアの選別を徹底して行う必要が生じます。

7-6 ● 噴射加工法

　噴射加工法は**図 7-30** に示すように、研磨材に種々の機械的エネルギーを与えて加速し、工作物表面に衝突させます。その衝撃力によって生じる効果を利用してバリ取り・エッジ仕上げ、スケール除去、表面清浄・加工、表面改質などを行う加工法です。

　噴射加工法には図 7-30 に示す圧縮流体噴射方式と**図 7-31**[18] に示す遠心投射方式があります。また、乾式と湿式に大別されます。一般名と合

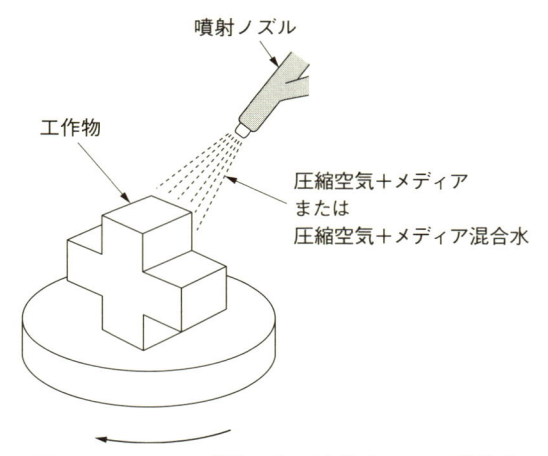

図 7-30　エアーブラスト、液体ホーニング方式

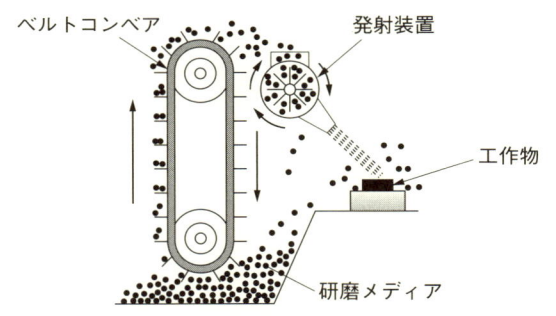

図 7-31　ショットブラスト方式（東洋研磨材工業（株)）

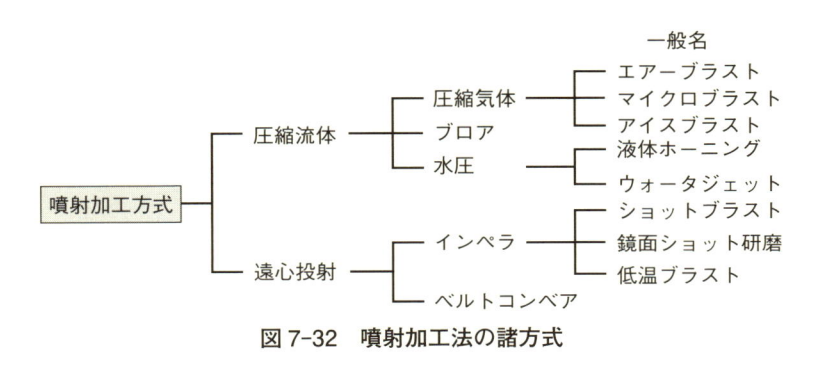

図 7-32　噴射加工法の諸方式

わせて示したのが**図 7-32** です。研磨材の加速方式に加えて特殊な研磨材、例えばドライアイスや弾性研磨材を利用したものがあります。また、加工室の雰囲気を冷却して工作物のバリをぜい化させて除去する低温ブラスト方法もあります。

（1） 噴射加工法の用途、メディアの種類

噴射加工法の用途は広く、大きな船舶・橋梁から自動車、小さいサイズの半導体・宝石、工芸品まであらゆる業界分野に適用されています。下記にその用途を列記します。

① 微細加工：ナノオーダにも対応できる表面加工法
② クリーニング：酸化膜、不純物除去
③ 彫刻、梨地加工：木工、石材、ガラス彫刻
④ 金型研磨：鏡面研磨加工
⑤ 下地加工：めっき、塗装、接着の前処理
⑥ ピーニング：耐久性など機械的性能向上
⑦ バリ取り：金属部品、プラスチック部品、リードフレーム

多用途に対応するためにメディアの種類も多いのが特徴です。柔らかいメディアから硬いメディアまで、プラスチック系、植物系、ガラス系、金属系、セラミクス系が使用できます。また、メディアサイズは数ミクロンの微粉から 1～2 mm のカットワイヤまで加工したい工作物に応じて選定できます。

（2） エアーブラスト・マイクロブラスト方式

この方式は圧縮空気噴射力を利用して噴射ノズルから研磨材を噴射・加速する方式です。この方式のなかでマイクロブラストと呼ばれている方式はノズル口径 0.4～1.4 mm、噴射する研磨材の粒子径が 3～40 μm とスケールダウンしているのが特徴です。

（3） 液体ホーニング方式

液体ホーニングは湿式ブラスト加工とも呼ばれます。**図7-33**[18]に示すように研磨材と加工液を混合したスラリをポンプで噴射ノズルへ圧送します。噴射ノズル内で圧縮空気を使ってスラリを加速させて工作物に噴射する方式です。

研磨材を加工液とともに噴射するので、微粒研磨材が使えますから、精密部品のバリ取り・エッジ仕上げや表面仕上げが行えます。また、研磨材とともに噴射される加工液は除去されたバリ、切り屑や異物を洗い流します。同時に加工液が緩衝体の役目を果たして、研磨材が工作物表面に埋め込まれるのを防止します。

水を使用するので静電気を発生しません。この効果を利用して半導体の樹脂成形後の樹脂バリ取り加工に用いられます。また、爆発の恐れのあるマグネシウム、アルミニウム、チタニウムを安心して加工できる長所があります。しかし、加工液の飛散による汚れ、加工液使用による装置の腐食、加工後の洗浄・乾燥が必要となります。

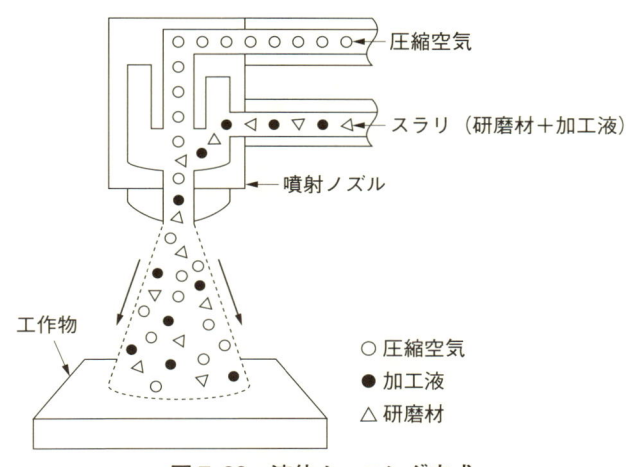

図7-33 液体ホーニング方式

（4） ショットブラスト方式

ショットブラスト方式は図7-31に示すようにインペラの遠心力によっ

て研磨材を加速して工作物表面に投射する方式です。この方式は投射量を多くして、加工面積を広く取れます。ショット（鋼の小球）やグリッド（鋼製の鋭いエッジを持った多角形粒子）を投射することから、ショットピーニングまたはショットブラスト加工と呼ばれています。最近では、弾性メディアを投射して金型表面の鏡面仕上げや、工具刃先の微細バリ除去を行うことが開発されています。

7-7 ● ユニークな噴射加工法

（1） アイスブラスト・冷凍ブラスト方式

図 7-34 に示すドライアイス粒子を噴射する方式があります。バリ取り・洗浄した後にショット材はガス化しますので、安全で衛生的な加工ができます。

冷凍ブラスト加工方式を図 7-35 に示します。図（a）に示すように工作物を装填するバレルと工作物を急速急冷する液化ガス投入システム、

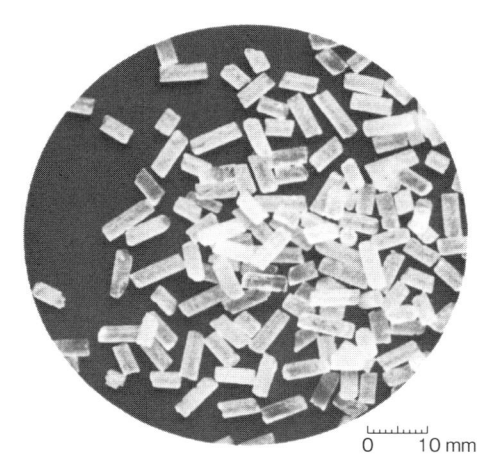

図 7-34　高密度ドライアイスペレット
（昭和炭酸（株））

(a) 冷凍ブラストのしくみ

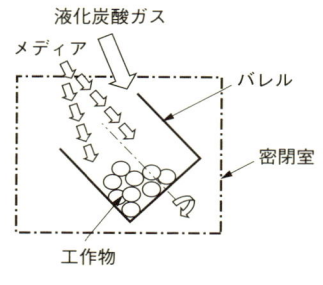

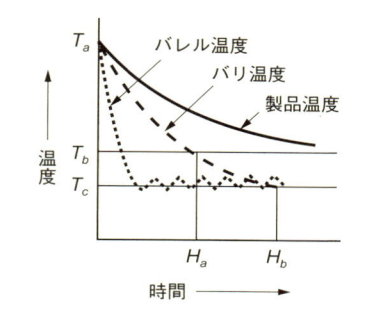

(b) バリ取り温度調整

T_a：室温、T_b：ぜい化温度、T_c：バレル内設定温度
H_a：バレル運転開始時間、H_b：バレル運転停止時間

図7-35　冷凍ブラスト方式（昭和炭酸（株））

プラスチックメディアを投射する部分から成り立っています。

冷凍ブラストのバリ取りのしくみを図（b）で説明します。液化ガスの極低温エネルギーでバレルを T_c まで急速急冷すると、工作物である製品も T_b まで低温になりぜい化します。バリの部分は熱容量が小さく早く温度が下がり、T_b になります。このとき、製品本体とバリの部分で温度による硬度差が生じます。そこで早く硬化したバリ部分がぜい化した H_a のとき、メディアを投射してバリを打撃して分離・除去します。液化ガスには液化チッ素、または液化炭酸ガスが用いられます。この加工法はゴム成形品、ダイカスト（亜鉛・アルミニウム・マグネシウム）、プラスチック部品に適用されています。

（2）ウォータジェット加工法

ウォータジェット加工法は加圧した水をノズルから噴射して工作物に衝突させて、バリ取りおよび洗浄を行う方法です。マイクロバリの除去に広く利用されています。ノズル直径0.2～3mmで、水への加圧は10～100MPa程度です。バリ取りのために水のみを噴射する方式と、プラスチックやセラミックスの研磨材などのメディアを水や圧縮空気で加速・噴射する方式があります。

噴射水に氷粒を混入させた、アイス・クリーンジェット加工法もあります。氷が水より大きな衝撃力を発揮し、バリ取り・洗浄効果を大きくします。加工後に氷は溶けて水になるので、工作物内部にメディアやバリ屑が残留しません。バリ取りと洗浄とを合わせてできる特徴があります。

　噴射ノズルは**図 7-36** に示すような種々の種類があります。衝撃力を

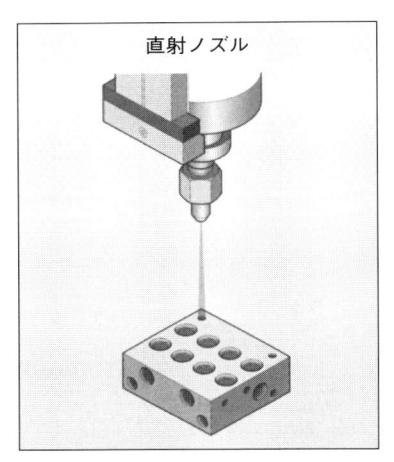

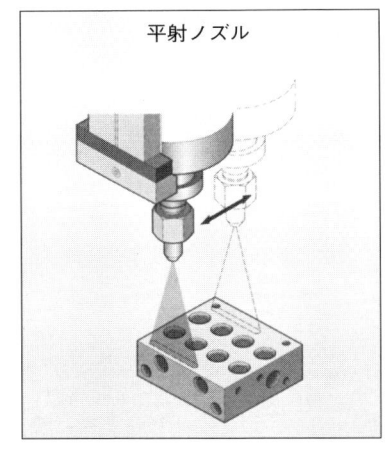

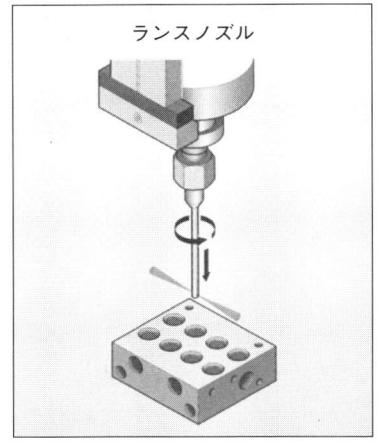

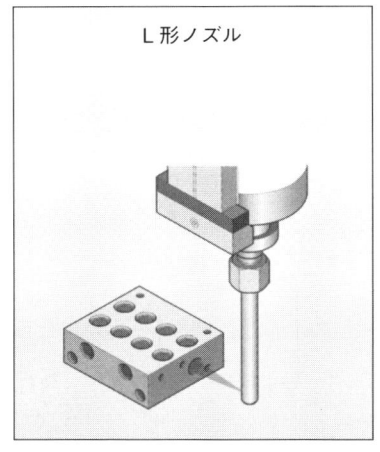

図 7-36　**噴射ノズルの種類**（(株) スギノマシン）

強くした直射ノズル、広い工作物面積に対応できる平射ノズル、穴の深部、交差穴に到達できるランスノズル、横方向に出るL形ノズルなどがあります。ブラシなどのバリ取り工具と組み合わせた複合バリ取り・洗浄が可能です。

水のみで除去可能なバリ根元厚さは 0.05 mm 程度までです。これ以上の厚みのあるバリに対してはメディア噴射方式が利用されます。

シリンダヘッドに代表される自動車のエンジン部品、変速機部品、油圧機器部品など多数の穴が加工されたアルミニウム製部品のバリ取り・切りくず除去・洗浄に適用されています。さらに、半導体の樹脂成形バリの除去にも適用されています。

（3） 弾性メディアショット方式

図 7-31 に示すように弾性メディアを斜め方向から工作物に噴射すると、工作物表面の鏡面仕上げと微細バリ除去ができます。この方式には種々の名称があります。例えば、鏡面ショット研磨（東洋研磨材工業（株））、シリウス加工（（株）不二製作所）、エアロラップ（（株）ヤマシタワークス）です。

鏡面ショット研磨方式は研磨材として**図 7-37** にその一例を示すように、弾性コアの周囲に微細な砥粒を接着した研磨メディアを用いるのが特徴です。また、研磨メディアは工作物表面を斜め方向から擦過するように投射されます。ほかの弾性メディアはコーン粒を母体とし、研磨砥粒と水分を含ませたマルチコーンメディアがあります。メディア母体が

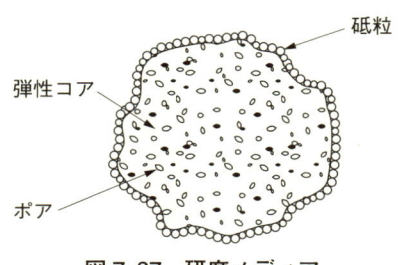

図 7-37　研磨メディア

植物性ですから再生処理すればリサイクル可能で、環境に優しいメディアと言えます。

この弾性メディア方式の用途の特徴は、微細加工によって生じたマイクロバリ除去・エッジ仕上げを行うことができると同時に、鏡面仕上げもできることです。

7-8 ● 砥粒流動加工法

砥粒流動加工法は**図 7-38** に示すようなチュウインガム、またはオイル状の粘弾性媒体に研磨材を混練させた研磨メディアをバリ取り・表面研磨に用います。このメディアに圧力をかけて、**図 7-39** のように上下に往復して流動させて、複雑形状部品の内外表面の仕上げ、交差穴のバリ取り・エッジ仕上げを行う加工法です。

メディアが粘弾性体なので、**図 7-40** に示す N 字型内部穴を有するディーゼルエンジン噴射ノズルの内部バリ・エッジ仕上げを行うことができます。メディアの通路にあたる工作物壁面、またはその出入口で、バリ取り効果と研磨作用によるエッジ仕上げが得られます。

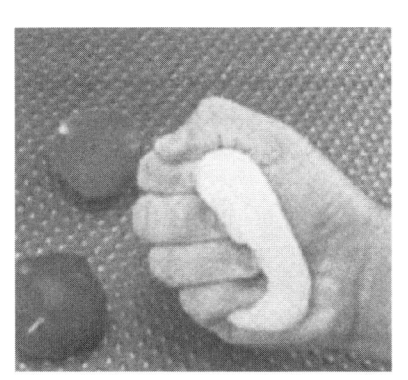

図 7-38　チュウインガム状の研磨メディア
((株) エクスツルードホーン)

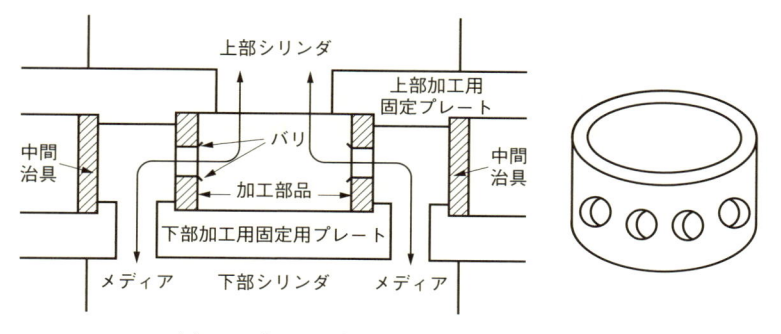

(a) メディアの流れ　　　　　　　(b) 加工部品形状

図7-39　エクスツルードホーン加工法

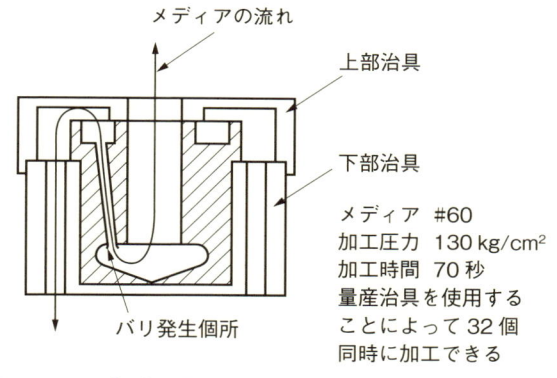

メディア　#60
加工圧力　130 kg/cm²
加工時間　70 秒
量産治具を使用する
ことによって32個
同時に加工できる

図7-40　N字型に流れてバリ取り仕上げする研磨メディア

　砥粒流動加工法の適用は複雑な穴加工を行った部品の内面、穴の交差部分、細穴深部の研磨、手の届かない加工深部のバリ取りに適用できます。

第7章●バリ取り・エッジ仕上げ法の種類と特徴

7-9 ● サーマルデバリング法

サーマルデバーリング法は**図7-41**（a）に示すように工作物を燃焼室（チャンバ）内に置いて密閉し、この中にメタンガス（または水素ガス）と酸素の混合ガスを流入させます。

次に図（b）のようにスパークプラグで点火して、一瞬で次に示す化学反応により高熱エネルギーを発生させます。この現象はあたかも内燃機関の燃焼過程に類似しています。

混合ガスの燃焼温度は約3300℃に及ぶ波を起こし、マッハ8の熱衝撃波となって工作物の内部穴のところまで到達します。バリは単位質量当たりの表面積が大きく、その熱伝導が速いために、すぐに発火点以上に温度が上昇し、チャンバ内の過剰酸素と化合して酸化粉末となります。バリは千分の数秒内に除去されます。そして酸化反応は工作物の母体に近づくにつれて温度が下がり、発火点以下に温度が下がるまで続きます。工作物本体はバリに比べて熱容量が大きいために熱の影響を受けないので、元の形状を維持することができます。

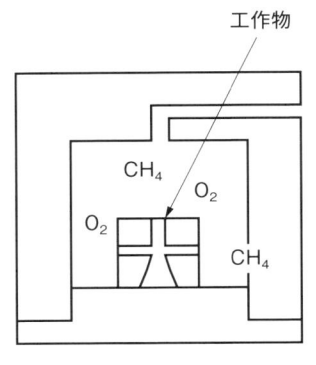

(a) チャンバの密閉およびガスのチャージ

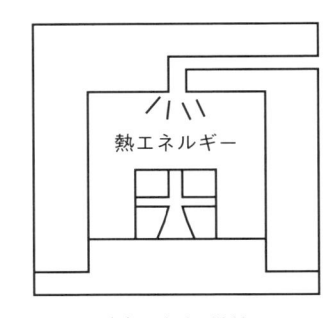

(b) 点火/燃焼

図7-41 サーマルデバーリングのバリ取りのしくみ
（(株) エクスツルードホーン）

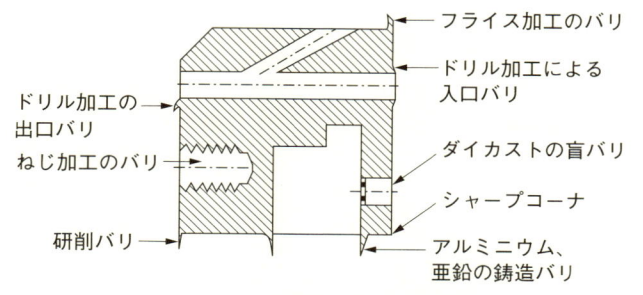

図 7-42　代表的なバリの形状

　チャンバを開くと水蒸気が放出され、工作物を取り出してサイクルが完了します。そして、工作物表面に生成した酸化物の除去を行うことが必要です。後工程にめっきやクロメート処理工程があれば、サーマルデバーリング後の洗浄の必要はありません。

　本加工法の適用は、**図 7-42** に示す複雑形状部品や内部交差穴のバリに実施されます。適用できる材料は工作物の溶融点・熱伝導率が低く、比熱が大きいものほど良い結果がえられ、酸化性のある材料に適します。例えば、鋳鉄、鋼、亜鉛が最も良くバリ除去でき、アルミニウム、黄銅なども適します。具体的な実施適用は自動車のキャブレータ部品、油圧・空圧機器、ダイカスト部品などの交差穴・複雑形状部分のバリ除去です。

7-10 ● 化学加工法

　化学加工法は化学溶液を入れたタンク中に工作物を浸漬して、バリを溶解して除去する方法です。化学溶液にはリン酸、酢酸、硫酸、フッ素系の溶液が用いられます。生成されたバリは、化学溶液中で優先的に溶解されます。この理由は機械加工によってバリの部分に内部応力が集中して加わった結果、金属組織が変形を受けているので、このバリの部分では他の部分と比べて溶解する速度が速くなるからです。

　さらに**図 7-43**[1)]に示すように鋭角なバリ部分はほかの平坦部に比べて幾何学的に、$l/\sin(\theta/2)$ 倍だけ早く溶解します。この化学加工によるバリ取りの特徴は次のとおりです。

① 化学研磨液に数秒～数十分間浸漬するだけでバリが取れ、しかも表面光沢が得られ、平滑になります。
② 大量同時処理が可能です。
③ バリ取り中に工作物の変形、損傷がありません。
④ 複雑形状部、線材、薄板、内部穴、無数の穴の 30 μm 程度以下のマイクロバリが容易に処理できます。
⑤ 鉄、銅、アルミニウム、ステンレス、チタンなどに適用できます。

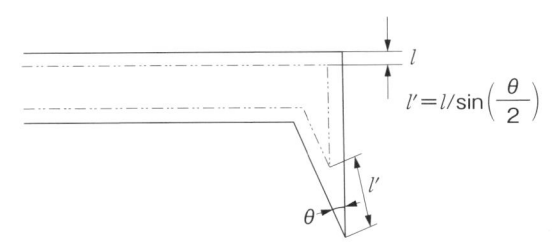

図 7-43　化学加工法のモデル図

7-11 ● 電解加工法

　電解加工法は電気・化学的加工法です。図 7-44 に示すように電解液中で非接触で電極と工作物を対向させます。つぎにこれらに直流電流を流して、陽極となる工作物を溶出させる陽極金属溶解現象を利用した加工法です。工作物の広い面積全体を溶解加工するときには、電解加工・電解研磨として利用されます。工作物のエッジなどを部分的に溶解するとき、電解バリ取り法として利用されます。電解加工として航空機部品や宇宙部品に用いる硬い材料、難削材または複雑形状部品の加工に用いられ、バリを発生しない加工法です。

　電解加工によるバリ取り方法は、陰極（電極工具）と陽極の工作物のバリ部分を狭い間隔 0.4～1 mm で相対させておきます。この間隔に電解液を流して高い電流密度で電気分解を起こさせ、工作物のバリを除去するものです。このときに適用できるバリ大きさは、平均して 0.2 mm 以下です。バリ大きさや発生位置、バリの向きにばらつきや変化があるとバリの取り残しが生じたり、電極と接触して短絡し損傷することがあります。このことから、電解バリ取りを適用するときには、バリの大きさ・位置・向きの制御が必要です。

　電解加工によるバリ取りが適用できる部品形状の例を図 7-45 に示します。約 0.1 mm 厚のバリは、加工時間 10 秒で除去できます。この加工

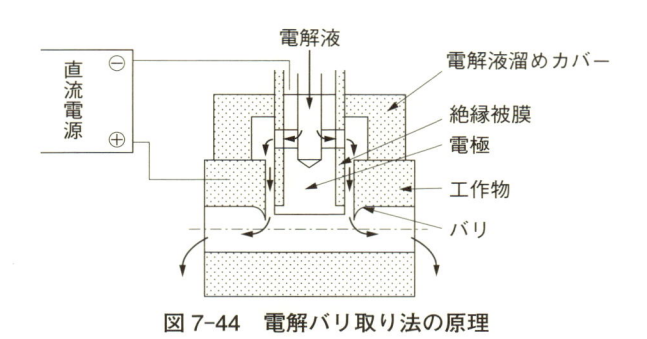

図 7-44　電解バリ取り法の原理

法の長所と短所を**表7-2**に示します。

(a) 穴の交差点のバリ　(b) 溝削加工で発生したバリ　(c) 歯切りで発生したバリ

(d) 円筒内にあるバリ　(e) 油溝のバリ

図7-45　電解バリ取りの対象部品形状

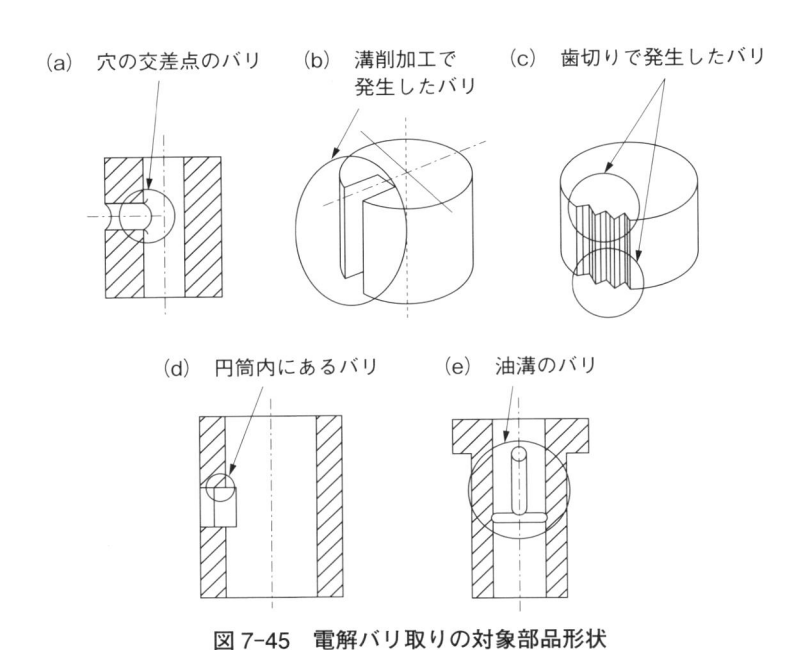

表7-2　電解加工法によるバリ取りの特徴

長　所	短　所
工作物材質は硬くても導電性があればよい	工作物は水洗、防錆が必要である
機械的ひずみや熱影響を与えない	装置は耐食構造を必要とする
R 面取り（丸み）ができる	電極設計に工夫を要する
穴内部のバリが除去できる	廃液処理が必要である
複数個所のバリが同時に除去できる	
加工時間が数秒から1分程度と短い	

7-12 ● 電子ビーム・イオンビーム加工法

　半導体加工に適用されている加工法を、部品のエッジ仕上げや表面仕上げに適用する技術です。

　図7-46に示すように電子ビーム・イオンビーム加工法は電子やイオン（原子が電子を放出または受取ったもの）を加速して工作物に衝突させて加工を行う方法です。電子やイオンの直径はナノメートルオーダ（1 nm は 10^{-6} mm）の粒子です。

　微細バリ除去や金型の表面仕上げに用います。

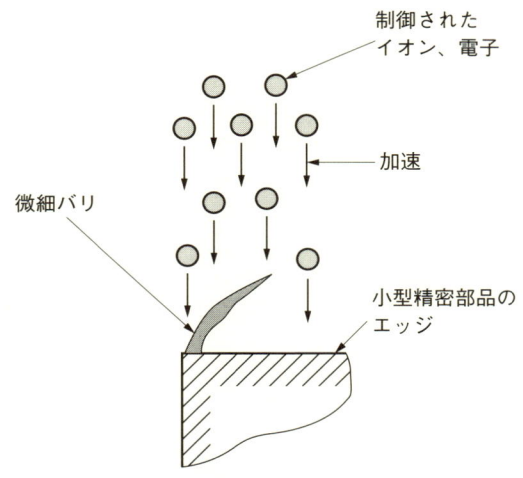

図7-46　電子ビーム・イオンビーム加工法

7-13 ● 磁気研磨加工法

　磁気研磨加工法について、**図 7-47**[20] にパイプ内面を研磨するときの加工法を示します。磁気特性のある研磨材を、加工工具とします。強力な磁場を発生させて磁性砥粒に加工力を与えて磁極を移動・回転させます。さらに変動する磁場の中で工作物にも回転・振動・揺動を与えてバリ取り・エッジ仕上げ、表面仕上げを行わせる加工法です。磁性砥粒が磁力で保持されているので、複雑形状部品、パイプ内面などのバリ取り・エッジ仕上げ、表面仕上げに効果があります。

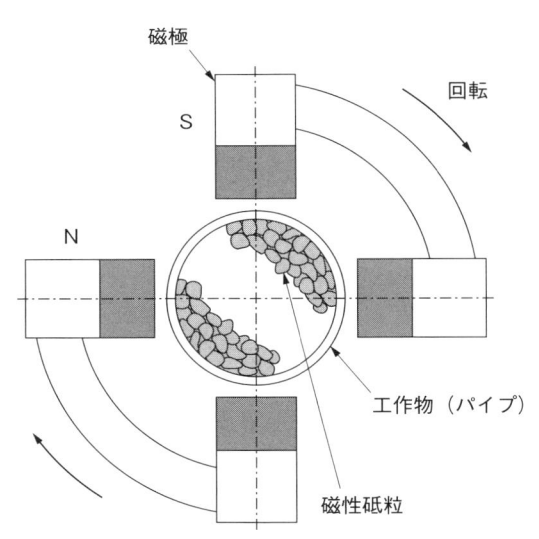

図 7-47　パイプ内面の磁気研磨加工法

7-14 ● 便利なバリ取り・エッジ仕上げ工具・装置

　この節では便利なバリ取り・エッジ仕上げ工具・装置を紹介します。**図 7-48** は手作業用工具です。機械で加工できない個所のバリ取り・面取りができます。工具の種類も多く、曲線部、穴裏面や内部交差穴などにも到達できる工具があります。対象とする工作物の形状や材質に合わせて選択できる特徴があります。

　図 7-49 に示す工具は交差穴のバリ取り・面取りに適するように、シャフト部に弾性を持たせて効率よくバリ取りできるように工夫してあります。先端の工具には、砥石と超硬カッタとがあります。

　図 7-50 はカッタ上部にガイドローラを備えて、工作物形状に倣わせ

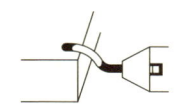

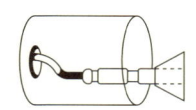

図 7-48　手作業用のバリ取り・面取り工具
（ノガ・ジャパン（株））

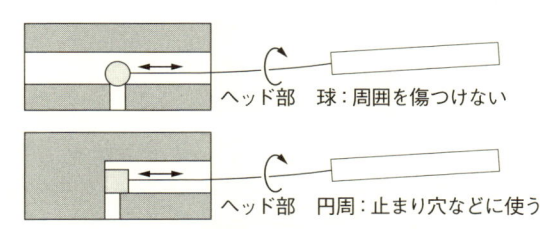

ヘッド部　球：周囲を傷つけない

ヘッド部　円周：止まり穴などに使う

図 7-49　シャフト部に弾性を持たせた交差穴バリ取り工具
（（株）ジーベックテクノロジー）

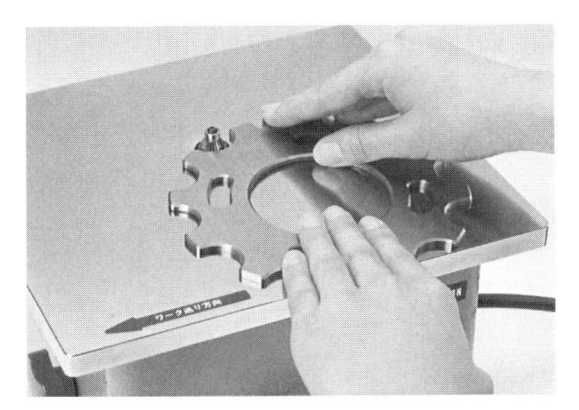

図7-50　倣い式面取り機（(株)ホクセイ製作所）

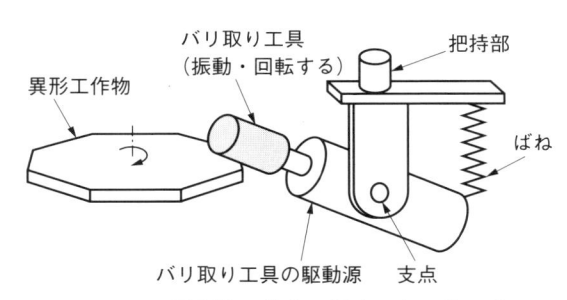

図7-51　異形状工作物に対応できる倣い式
バリ取り・面取り加工法

て動かしながらバリ取り・面取りできます。内外面、異形、曲面のエッジにC面やR面取りが可能です。

図7-51はバリ取り工具が工作物形状に倣いながらバリ取り・面取り加工を自動で行います。工作物が歯車などの異形状であっても加工プログラムや工作物の位置合せの必要がないのが特徴です。図7-52はその一例です。図では、工作物に倣うようにするために回転支点を設けて、おもりで加工圧力を加えた例です。倣い圧力としては、ほかに空気圧力を用いる方法もあります。

図7-53はボールスパッタ方式のバリ取り機です。回転・揺動する超

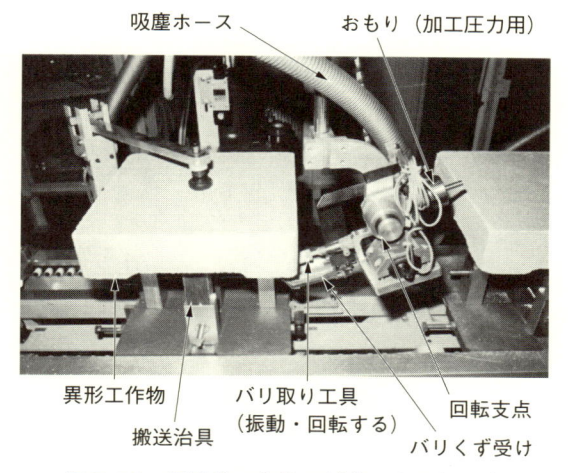

図7-52 異形状工作物に対応できる倣い式バリ取り・面取り機

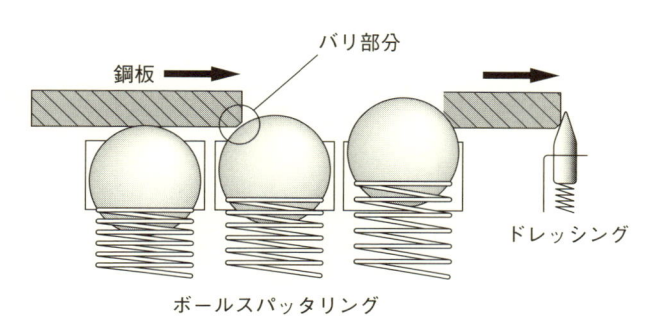

（吸塵ホース、おもり（加工圧力用）、異形工作物、搬送治具、バリ取り工具（振動・回転する）、回転支点、バリくず受け）

図7-53 ボールスパッタ方式のバリ取り機（(株)ファブエース）

（鋼板、バリ部分、ボールスパッタリング、ドレッシング）

 硬球が工作物である鋼板エッジ部に絶え間なく接触してバリを塑性変形させます。次の揺動ドレッシングピンで、二次バリを除去して滑らかなせん断面に仕上げます。工作物には超硬球面が接触するだけなので、表面処理鋼板の被膜にほとんど影響を与えないのが特徴です。
 研磨布紙、ブラシ工具を用いてバリ取り、表面仕上げするときに、工具種類を選択する方法と駆動源を選択する場合とがあります。

図7-54は工具チャック軸を回転させて、さらに揺動運動を加えたスピンドルの運動原理図です。バリ取り・表面仕上げ工具を回転・揺動させるので、手に工作物を持って作業しても、手に持った工作物がバリ取り工具に引き込まれたり、はねられたりしないので安全作業が行えます。バリ取り・表面仕上げのときの発熱も少なく、作業しやすいのが特徴です。

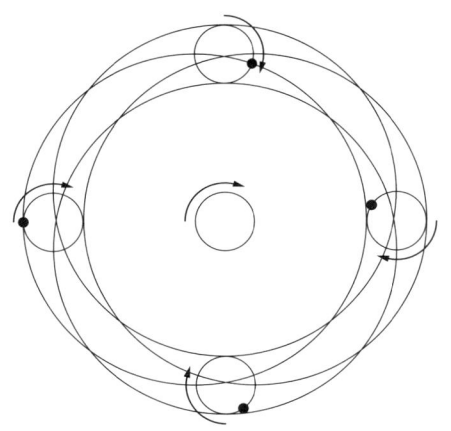

図7-54　回転＋揺動スピンドルの運動原理図

((株) トキワ)

第8章
バリ取り・エッジ仕上げ工程改善の進め方

　バリ取り作業改善のためには手順に従って進めるべきでしょう。

　すでに多くのデータや知見が蓄積されていますので、それらをうまく利用することが課題解決には重要です。バリ取り方法には多くの加工法がありますので、どの方法を採用するかが重要課題となります。この章ではすでに集めた情報をできるだけ有効に利用できるようにわかりやすく解説してあります。

8-1 ● バリ取り・エッジ仕上げ工程改善の手順

　作業者が行っているバリ取り作業を改善したい場合に、人間と同等の働きをする安価な自動バリ取り装置を考えてしまいます。

　また、バリ取りの装置メーカーは、その得意とする分野の範囲内のテスト加工ですから、期待する結果にならない場合もあります。

　さらに、バリ取り作業を改善したいとき、「バリをなくしてしまいたい」とか「バリがないのが最善だ」と計画することがあります。バリをなくするための技術開発の時間とコストがかかることに注意を払う必要があります。

　このような課題を解決するために、この章では、バリ取り作業工程の改善・自動化・ロボット化の一般的なアプローチについて説明します。

　図 8-1 はバリ取り作業の合理化を進めるときのフローチャートです。図 8-1 に示す工程を踏めば、バリ取り工程改善の課題をうまく解決できます。

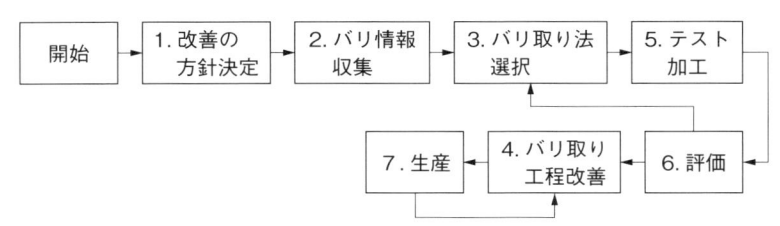

```
開始 → 1.改善の方針決定 → 2.バリ情報収集 → 3.バリ取り法選択 → 5.テスト加工
                                              ↑              ↓
      7.生産 ← 4.バリ取り工程改善 ← 6.評価
```

図 8-1　バリ取り作業改善推進の手順

8-2 ● バリ取り作業改善の方針を明らかに

　バリ取り作業の合理化計画では、現在の作業をどの程度まで、どのように改善したいのかを明確にする必要があります。計画段階で以下のような目的があります。
　① 作業員の数を減らしたい。
　② バリ取り工程をライン化したい。
　③ 部品製造ラインを現在のバリ取り工程も含めて自動化したい。
　④ 工数を減らしたい。
　⑤ エッジ品質を高めたい。
いずれも合理化の対象になります。

8-3 ● バリ情報収集から始める

　バリ取り作業改善の方針を明らかにして、次に行うのは部品から得られるバリ情報を全て集めることです。バリ情報の主なものは第一に設計部門から得られる情報です。次にバリに関する製造工程からの情報です。次に詳しく説明します。

（1） 設計から得られる情報
設計部門から次のような情報を集めます。
　① 設計図、製造図から部品の機能、材質、形状、寸法、加工精度を収集します。
　② バリを取らなければならない個所とその理由、すなわちどのようなトラブルがあるのか。
　③ どの程度のエッジ品質（面取り程度）を必要とし、また部品全体の仕上げが要求されるのか。

（2） 製造工程から得られる情報

部品製造工程からは、次のような情報を集めます。

④ 対象となる部品の生産量、生産形態（量産か、多品種少量か）、サイクルタイム、バリを生成する工程の詳細（使用設備、工具および加工条件）、バリの発生位置・大きさ・こわさを調査します。

⑤ 現状においてどのようなバリ取り作業が行われているのか、加工工程においてサイクルタイム中に行われているのか、別工程あるいは加工工程からはなれて行われているのか。

一例として図 8-2 の精密部品と部品エッジに生成したバリを図 8-3 に示します。この部品について収集したバリ情報の一例を示します。

図 8-2　精密加工部品

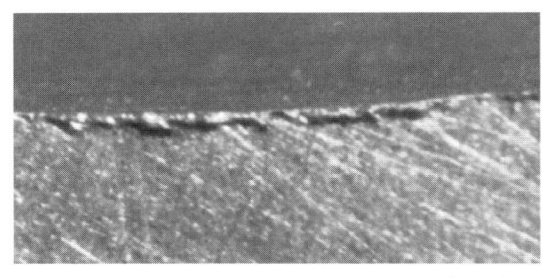

図 8-3　部品エッジ拡大

〔バリ情報の一例〕

① 設計部門から得られる図面
　　材質：鋳造品、寸法と公差：厚さ $25^{\pm 0.002}$、形状精度：平面度 $2\,\mu m$、バリ取り前工程：研削加工
② バリ取り個所：大小の穴の内側エッジ
　　理由：相手部品との組立ての接触面
③ エッジ部品質：R0.05〜0.1 mm
④ バリについて
　　生産量：180個/時間
　　発生工程：穴あけと研削加工
　　種　　類：ドリル加工バリ、研削バリ
　　発生個所：部品両面
　　バリ根元厚さ：0.05〜0.2 mm
⑤ バリ取り作業：手作業を自動化したい

8-4 ● バリを抑制できないか検討する

　次に進めることはエッジ角効果の利用やバリなし工法採用など、すでに述べた設計と加工技術のバリ対策を施すべきです。図 8-4 に示すようにバリの大きさについて、バリ根元厚さ 0.1 mm 程度に抑制して、安いコストのバリ取り装置が適用できるようにすべきです。

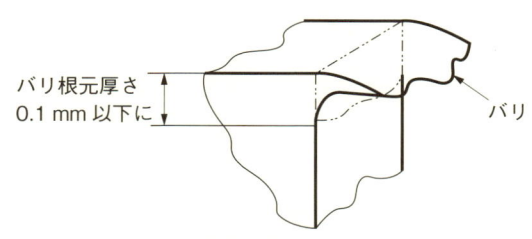

図 8-4　バリ除去に適するバリ根元厚さ

図 8-2 に示した精密部品について、ドリル穴の抜け際にはバリ根元厚さの厚い出口バリが生成されます。**図 8-5** に示すように、この出口バリ抑制にエッジ角効果を利用したバリ抑制法を用います。このように、バリを抑制しますとバリの根元厚さは小さくなり、精密部品の内側と外側の全周に生成されたバリが均一になります。つまり、バリは除去しやすくなります。次に狙いとする装置価格、エッジ品質、コストダウン金額を比較検討して投資に踏み切ることが重要です。

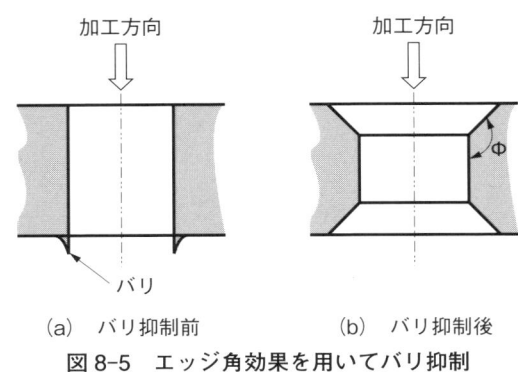

（a）　バリ抑制前　　　　（b）　バリ抑制後
図 8-5　エッジ角効果を用いてバリ抑制

8-5 ● バリ取り方法選択の予備知識

　一般に部品の種類と生産数によって自動化できる範囲を示しますと**図 8-6**（a）になります。手作業によるバリ取りは多品種少量生産に使われ、量産はバリ取り専用機が用いられます。ロボットによるバリ取りは、手作業と専用機の中間に位置します。

　図 8-6（b）で部品の品質と生産数によって、バリ取り機械化・自動化を効果的に進められる範囲があります。部品の生産数は単位時間当たりの生産数で、部品の品質は寸法精度や形状精度です。部品の生産数が多い、部品の品質が高いレベルのものを要求される生産形態があります。例えば、1 個当たり 30 秒以内で、ミクロンオーダの形状精度が要求され

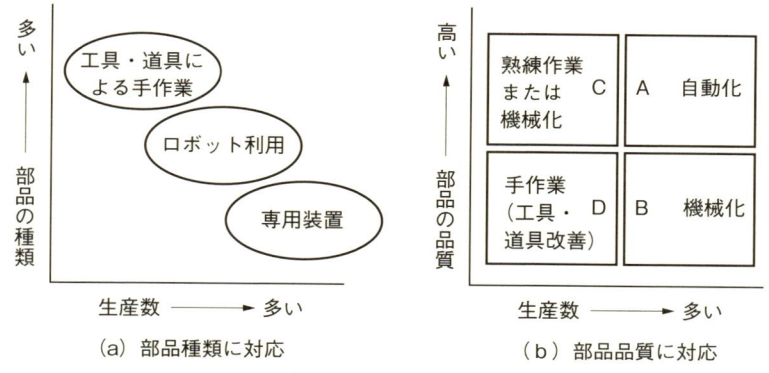

図8-6 部品の種類・品質に対応したバリ取り・エッジ仕上げ法の選択

(a) 部品種類に対応　　(b) 部品品質に対応

る場合です。一方では、部品生産数が少なく、部品の品質レベルも低い生産形態もあります。例えば、1個当たりの生産量が1時間で形状精度も1mmオーダの精度が要求される場合です。

図8-6（b）では、部品の品質と生産数によって、エッジ仕上げや表面仕上げで機械装置が必要な領域と手作業仕上げの領域に分けることができます。図で、機械装置領域は　A領域、B領域、C領域、手作業領域は　C領域、D領域となります。

A領域は、機械化より一段レベルの高い自動化の領域です。高度の品質を維持しながら自動でバリ取り・エッジ仕上げが機械で行われます。品質レベルは高く、しかもコストを考慮した自動または全自動の搬送と洗浄を含めた製造システムが採用されます。

B領域では手作業を行うと生産数に比例して、手作業コストが増大します。これを改善して低コストで生産するためには、機械化装置が導入されます。

C領域で部品の品質要求を満たすためには、高度熟練技能が必要になります。部品生産数が少ないので、手作業になってしまいます。しかし、品質重視の場合、または熟練作業者の育成が難しいときには機械化が有利です。

D領域における仕上げ作業は、熟練を必要としませんが、作業環境改善する場合には機械化へ転換する必要が生じます。

　一般に、高いレベルの品質維持、または品質向上を目的とする場合には、機械化が必要です。手作業の場合には、バリ取り・エッジ仕上げの目的を理解する熟練工が、機械装置より高度のバリ取り・エッジ仕上げを行います。この高度の作業を維持するためには、作業標準を作成し、作業者の技能の維持と向上に努めるべきです。

8-6 ● バリ取り・エッジ仕上げ法の仕上げ能力比較

　各種のバリ取り法には、バリ取り・エッジ仕上げ加工能力があります。さらに、対象となる部品の材質、形状、寸法に制約条件があります。加えて、二次効果と呼ばれるものがあります。この二次効果はバリ取り・エッジ仕上げ加工すると発生します。加工に伴う部品表面の汚れ、砥粒または異物の埋め込み、残留応力の変化、変形、寸法減などが加工に伴って発生する二次効果です。

　バリ取り方法は多くの加工法があるので、どの加工法を適用するかが課題となります。バリがうまく除去できるだけでなく、その二次効果や環境対応、さらに設備費が評価の対象になります。

　どの方法を利用するかについて、あらかじめ選定する必要があります。この選定には次の3ステップが有効です。

① 各加工法の能力を熟知して、大まかに机上選定する。
② テスト加工実験を行って、さらに絞り込む。
③ 絞り込んだ方法についてさらに改善し、自動化の容易さや投資額を入れた評価を行い決定する。

　バリ取り加工方法の能力についてすでに多くのデータがありますので、それらをおおいに活用すべきでしょう。**図8-7**は機械加工で発生するバ

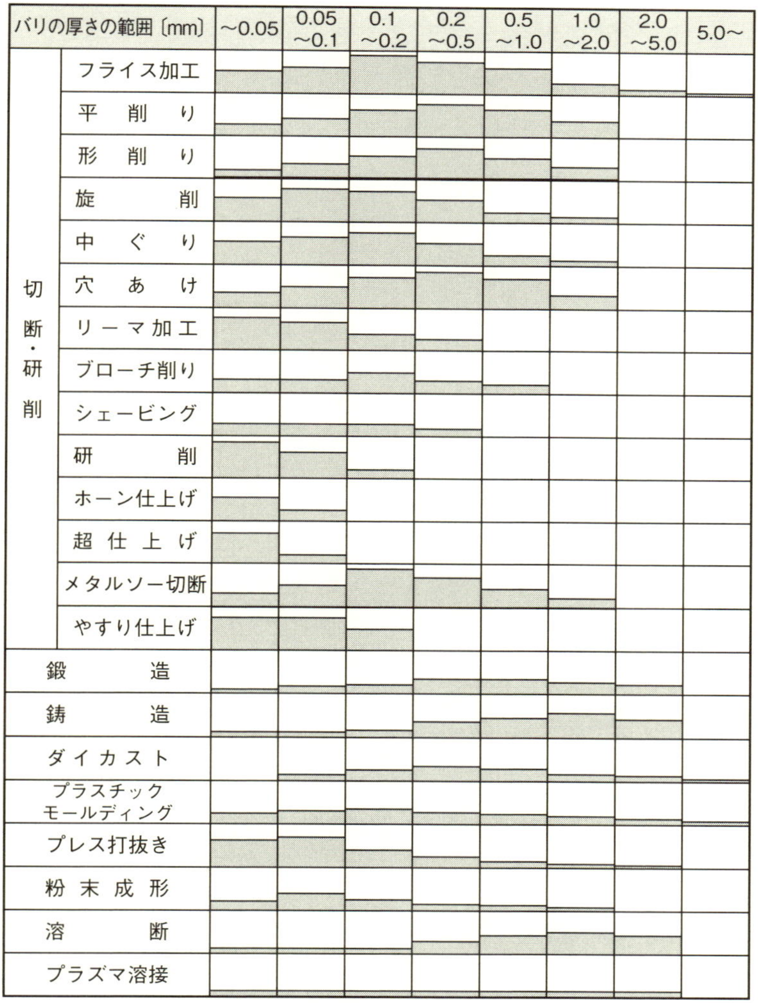

バリの厚さの範囲 [mm]		~0.05	0.05~0.1	0.1~0.2	0.2~0.5	0.5~1.0	1.0~2.0	2.0~5.0	5.0~
切断・研削	フライス加工		■	■	■				
	平削り		■	■	■				
	形削り		■	■	■				
	旋削	■	■	■					
	中ぐり	■	■	■					
	穴あけ		■	■	■				
	リーマ加工	■	■						
	ブローチ削り	■	■						
	シェービング	■	■						
	研削	■	■						
	ホーン仕上げ	■							
	超仕上げ	■							
	メタルソー切断			■	■	■			
	やすり仕上げ	■	■	■					
鍛造						■	■	■	
鋳造						■	■	■	■
ダイカスト				■	■	■			
プラスチックモールディング		■	■	■					
プレス打抜き			■	■	■				
粉末成形		■	■						
溶断							■	■	■
プラズマ溶接						■	■	■	

図8-7　加工法によるバリ厚さの分布

リの大きさの頻度を統計的に分布で示してまとめたものです。図の最上段に示すフライス加工で説明します。

フライス加工で最も多く生成されるバリ厚さは、分布の一番高い範囲

で 0.1 〜 0.2 mm の範囲です。

　加工初期にバリ厚さの範囲 0.1 〜 0.2 mm のバリが生成されていても、加工中にバリ厚さは厚くなっていきます。バリ厚さをコントロールしなければ、さらに 1 段上の厚さへ厚くなり 0.2 〜 0.5 mm 厚さのバリが生成されてしまします。また、フライス加工のバリ厚さの分布の山の最高峰がほかの加工法より高いのは、それだけフライス加工が多く使われているということになります。

　やすり仕上げがバリ取り・エッジ仕上げによく使われます。しかし、このやすり仕上げでも、やすり仕上げによって生じたバリ、いわゆる二

バリ取り 工具・装置名 \ 除去できるバリ厚さ〔mm〕	0〜0.05	0.05〜0.1	0.1〜0.2	0.2〜0.5	0.5〜1.0	1.0〜2.0	2.0〜5.0	5.0〜
ブラッシング装置	■	■	■					
ベルト研削装置	■	■						
回転バレル加工装置	■	■						
振動バレル加工装置	■	■						
遠心流動バレル加工装置	■	■						
レシプロバレル加工装置	■	■						
ジャイロバレル加工装置	■	■						
電解バレル加工装置	■							
液体ホーニング装置	■							
ドライホーニング装置	■	■						
ショットブラスタ	■	■						
ワイドビームブラスタ	■	■						
エックスツルードホーン	■	■						
サーマルエネルギーシステム	■	■						
電解バリ取り装置		■	■					
ウォータジェット装置	■							
化学研磨装置	■							

図 8-8　バリ取り・仕上げ法のバリ取り能力

次バリが生成されます。バリを完全に除去するには、さらに研磨布紙かブラシを用いて二次バリ取りをする必要があります。

図 8-8 はバリ取り・仕上げ法の、バリ除去能力をまとめた例です。図の表示方法は、図 8-7 と同じように除去できるバリ大きさの発生頻度を統計的に、分布で示してまとめたものです。図の最上段目のブラッシングで説明します。

ブラッシングで除去できるバリの根元厚さは、0 ～ 0.05、0.05 ～ 0.1 mm の範囲が最も多いことを示しています。ベルト研削より分布の山が高い範囲、0 ～ 0.05、0.05 ～ 0.1 mm 以下の範囲ではブラッシングがより多く使用されていることを意味しています。これらの表を利用してバリ取り・エッジ仕上げ法の能力を見極めてから、テスト加工することが重要です。バリ取りテスト前の事前情報収集として、ぜひ利用すべき内容です。

8-7 ● バリ取り・エッジ仕上げ法の選び方

バリ取り作業改善をするときには、**表 8-1** に示すようなバリ取り・エッジ仕上げ能力比較表を用いるのが良いでしょう。表 8-1 は図 8-1 に示すフローに従ってバリ情報を収集していますので、その情報から現在レベルでどの加工法が適用できるかを検討するものです。

図 8-3 の精密部品のバリ取り・エッジ仕上げ作業を自動化したいという目的を達成するための方法を、表 8-1 から選択してみます。表 8-1 の「処理法・自動」欄に◎がある加工法を選択してみます。この選択した加工法でテスト加工を行います。テスト加工は最も重要と位置付けるもので、テスト加工によって得た結果を測定・分析し評価します。図 8-3 の精密部品では、バリ取り・エッジ仕上げ工程が研削加工されて部品精度が完成していますので、この部品精度を低下させないこと、つまりバリ取り仕上げ法の二次効果が重要となります。

表 8-1 各種バリ取り・エッジ仕上げ法の能力比較

バリ取り・エッジ仕上げ法	バリ取り性能 バリ根元厚さ mm (0.1 0.2 0.5 2.0)	エッジ部位 曲線部	エッジ部位 穴入口部	エッジ部位 交差穴部	処理法 単品・手動	処理法 バッチ	処理法 自動	評価 エッジ品質	評価 能率	評価 設備コスト
研磨布紙法	▬▬▬▬	△	△	×	◎	△	○	△	◎	◎
回転工具法(ロータリーバー等)	▬▬▬▬	○	○	○	◎	△	○	△	○	◎
電解バリ取り法	▬▬▬	○	◎	◎	○	○	○	○	◎	△
ブラシ仕上げ法	▬▬▬	○	○	○	◎	△	○	○	○	○
バレル加工法	▬▬▬	○	△	×	△	◎	○	○	○	○
サーマルデバーリング法	▬▬▬	◎	◎	◎	△	◎	○	△	◎	△
ドライホーニング法	▬▬	○	△	×	○	○	○	○	○	○
液体ホーニング法	▬▬	○	○	×	○	○	○	○	○	○
砥粒流動加工法	▬	◎	◎	◎	○	○	○	○	△	△
磁気研磨法	▬	○	○	○	○	◎	○	○	△	△
ウォータジェット加工法	▯	○	○	◎	×	○	○	○	○	△
化学加工法	▯	◎	○	△	△	◎	○	◎	◎	◎

◎：優、○：良、△：可、×：不可

　バリ取り・エッジ仕上げで問題となるのは、**図 8-9** に示すバリ取りが「難しい」形状と「容易」な形状が１つの部品の中にあることです。図 8-3 の精密部品にはバリ取りが「容易」な形状と「難しい」形状とがあります。バリ取りが「容易」な形状は円（穴）の周囲部で、図の上段の外側部です。そして、バリ取りが「難しい」形状は円（穴）の周囲部で、図の下段の内側の穴と狭い溝です。

　これらの両方が１つの部品の中に同時に存在する例です。つまり、この精密部品には小さな穴や狭い溝があり、これらの部分があるのでバリを取れにくくしています。

　バリ取り条件はこれらの部分、つまりバリが取れにくい穴・溝周囲に合わせることになります。そのためには、テスト加工のやり方は「バリがとれた」「バリが取れない」などの結論のほかに、**表 8-2** に示すよう

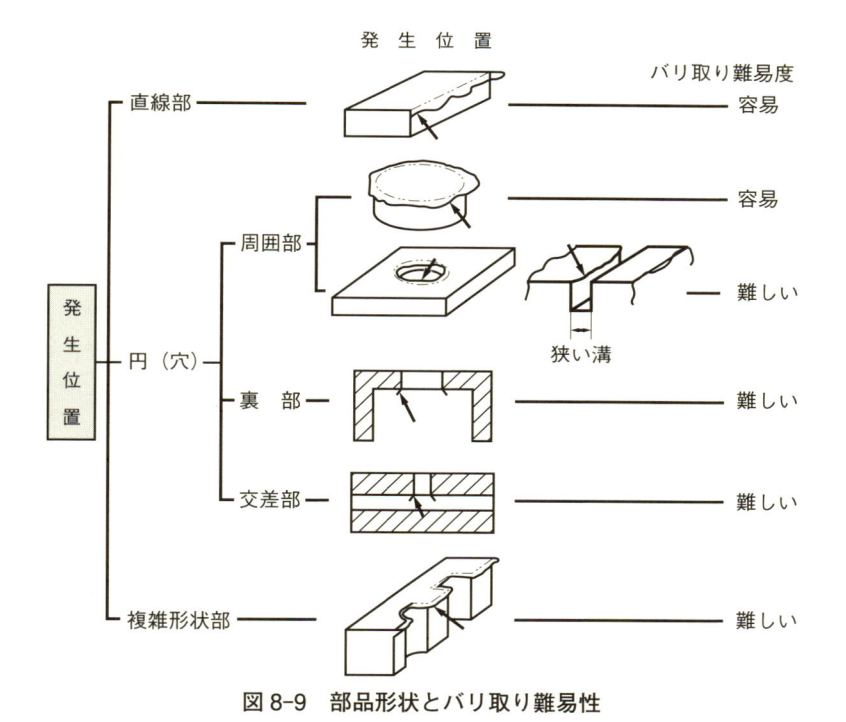

図 8-9　部品形状とバリ取り難易性

表 8-2　ブラシ加工とバレル加工を用いたバリ取り・エッジ仕上げの比較

項　目	ブラシ加工	バレル加工
面取り量〔μmR〕	40.0	40.0
研磨量〔μm〕	1.0	0.4
表面粗さ〔μmRz〕	1.0	1.0
加工時間〔s〕	18.0	80.0
工具摩耗	大	小
塵埃	あり	なし

な定量的な評価比較と図 8-10 に示すように適正なバリ取り・エッジ仕上げ条件が求められるように「バリ取り・エッジ仕上げ条件の幅」を求めておくことが重要です。

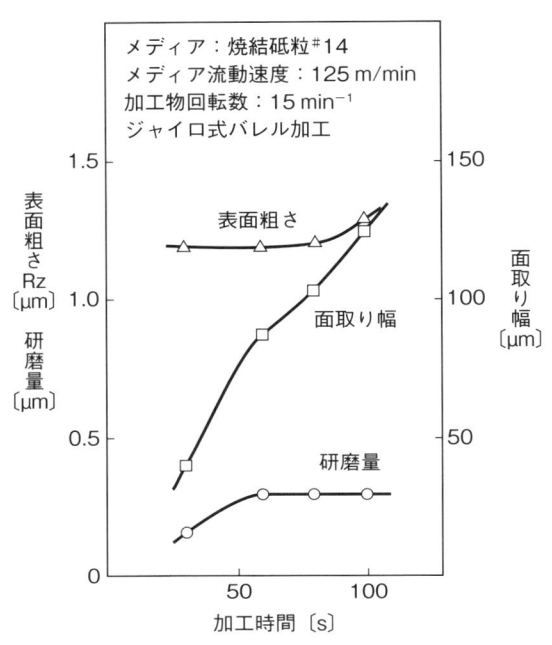

```
メディア：焼結砥粒 #14
メディア流動速度：125 m/min
加工物回転数：15 min⁻¹
ジャイロ式バレル加工
```

図 8-10　表面粗さ、研磨量、面取り幅に及ぼす加工時間の影響

　図はジャイロ式バレル加工法で図 8-2 の精密部品のバリ取り・エッジ仕上げを行った場合の例です。図から、バリが取れにくい穴、溝の個所やバリが大きくなったときに対応するためには、エッジの仕上げ量、つまり面取り幅を増大させることです。すなわち、加工時間を増やすことで対応できます。エッジのバリを除去して、丸み 50～100 μm を形成するには、このテスト加工では加工時間が 30～80 秒必要となります。

　表 8-3 はテスト結果や調査結果を総合的に評価するのに用いる評価表の1つです。評価は分かりやすくするために点数や◎○×などの記号で行います。評価項目として取り上げる内容やその重み付けも重要です。

　対象とする部品の材質・形状や寸法・形状精度によって、評価項目の内容やウエイトが変わるからです。評価の内容は以下の点が考慮されます。

表8-3 バリ取り・エッジ仕上げ法選択のための評価表

評価項目	バリ取り方法	回転工具	電解加工	ブラシ加工	バレル加工	噴射加工	ウォータジェット加工
バリ取り	1. エッジ品質	3	3	3	3	3	1
	2. バリ取り条件設定	3	3	3	3	3	2
	3. 部品精度変化	3	1	2	2	1	3
設備	4. サイクルタイム	2	1	3	3	2	2
	5. 自動化対応	2	1	3	2	1	3
	6. 洗浄	1	1	1	1	1	3
	7. 安全性	2	1	3	3	1	3
	8. 騒音	3	1	3	1	2	2
	9. 発塵	1	3	1	3	1	3
コスト	10. 設備投資額	1	1	2	3	1	1
	11. ランニングコスト	3	1	2	3	2	1
評価	合計点	24	17	26	27	18	24
	優位順	○	×	○	◎	×	○

点数は3段階評価、3：優、2：良、1：可

（1） バリ取り加工の面から考慮すること

① バリが完全に除去されて、設計が要求するエッジ品質が得られ、部品がその機能を果たすことができるかを評価します。

② バリ取り・エッジ仕上げの加工条件が容易に設定できるかを評価します。さらに、エッジ品質の評価方法、すなわち測定方法はテスト加工だけでなく実際の現場でも使うことができるかを評価します。

③ バリ取り・エッジ仕上げによる二次効果を明確に把握できるかを評価します。すなわち、形状精度や寸法精度への変化があるか、あるとすればどのくらいか。部品の寸法、表面粗さ、平面度、平行度、真直度、真円度、部品の変形、打痕の発生、研磨材の部品への残留などはどの程度許されるのか。

（2） 自動化・設備の面から考慮すること

④ サイクルタイムは満足できるか。
⑤ 部品の搬送は機械か人手か、どのようにするのか。部品をハンドリングして打痕や変形を与えないか。
⑥ 洗浄して切りくず、バリくずなどの付着をなくせるか。
⑦ 装置の安全性は十分か。
⑧ 騒音などの環境対応は十分か。
⑨ 発塵対応はできるか。

（3） コストの面から考慮すること

⑩ 設備投資額を満足するか。
⑪ ランニングコストやメインテナンスコストはどのくらいになるか。

このように考慮するべき・評価すべきことがたくさんあります。したがって、どの方法も目標条件を完全にクリアできない場合があります。このときは、複数の方法を平行してさらに検討を進めるか、専門家の意見をきくことを薦めます。総合点で多少劣っても、評価点の悪い個別の項目について改善するアイディアがあれば、総合点は上がってきますので、この表8-3をもとに検討すべきでしょう。

このように検討した結果をまとめてみますと、表8-2と図8-10の結果から部品寸法を減少させることが少ないバレル加工を選択することになります。図8-2に示した精密部品は、寸法を決定する研削工程が、バリ取り・エッジ仕上げ工程の前工程ですから、寸法減少を最小にするよう考慮すべきです。**図8-11**は完成したジャイロ式バレル加工法です。工作物である精密部品は回転治具にチャックされて、白い色のメディアの中に投入されて回転します。白いメディアは、ドーナツ型のバレル（槽）に投入されて流動しています。ジャイロ式バレル加工でのバリ取り・エッジ仕上げの生産量を確保するために、同時に複数個の工作物をメディアに投入する必要があることが表8-2のテスト結果から明らかになっています。

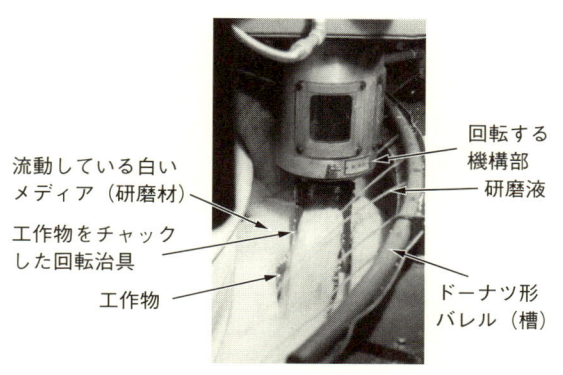

図 8-11　精密部品のジャイロ式バレル加工による
バリ取り・エッジ仕上げ機

（写真内ラベル）
- 流動している白いメディア（研磨材）
- 工作物をチャックした回転治具
- 工作物
- 回転する機構部
- 研磨液
- ドーナツ形バレル（槽）

このように専用機を設計し、製造部門で運転するには、さらに次の8-8節に述べる検討が必要になります。

8-8 ● 専用機設計とシステム化

バリ取りを自動化する場合に、次のような組み合わせがあります。
① バリ取り装置主体で、搬送・洗浄部を加える。
② 搬送・洗浄装置主体でバリ取り装置を組み込む。

バリ取り装置の設計と製作および搬送・洗浄までを含めたシステム設計はバリ取り加工法主体か搬送主体かによってそのアプローチが異なります。加工法主体ならば、バリ取り装置メーカーに依頼することになります。搬送主体ならば自社設計か搬送を得意とするメーカーに依頼します。

バリ取り汎用装置を用いる場合には、まずバリ取り条件を求め、これに搬送・洗浄部を追加して設計します。バリ取り専用装置にする場合にはバリ取り工具を用いてバリ取りテストを行い、システム仕様を決めてから専用機設計部門や専用機メーカーに依頼することになります。ロボ

ットを利用するときは、バリ取りにロボットを用いる場合と搬送に用いる場合があります。いずれもロボットの応用技術設計ができるメーカーへ依頼することになります。

この装置仕様を決める場合に次の内容を検討すべきです。

① **部品の材質**

硬くてもろいのか、軟らかくて延性があるのかなどの性質によって、バリの大きさやバリ取り方法が異なります。柔らかい材質の場合にはバリが生成した場所にだけ工具を当てて、ほかの面にはきずが付かないような方法を用いる必要があります。

② **部品形状**

点対称か軸対称か、あるいは非対称の部品かによって部品やバリ取り工具の動かし方が決定されます。点・軸対称の場合には軸の周りに部品を回転させるのがよい方法です。非対称の場合には倣い装置、NC装置を用いて、バリが発生している個所にバリ取り工具を追従させるのがよいでしょう。

③ **部品の加工精度**

加工精度の低い部品には、部品全体に工具を当ててさしつかえありません。寸法減や仕上げ面の劣化があっても許されます。しかし、**図 8-12**

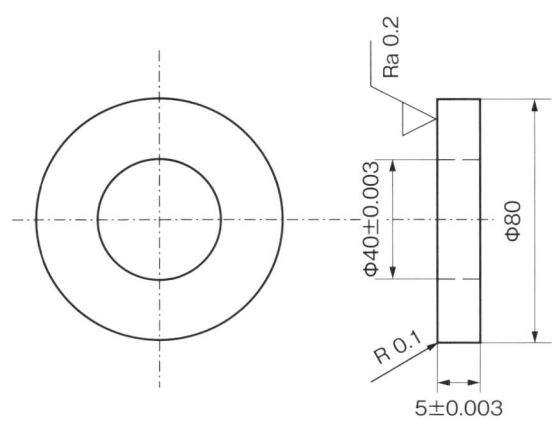

図 8-12　精度の高い部品の例

部分的に大きなバリ

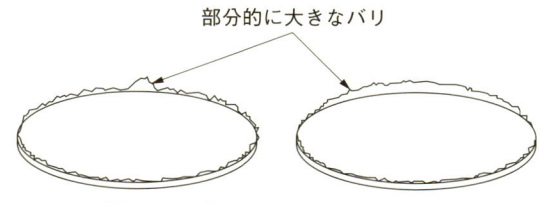

図8-13 部分的に大きなバリの例

に示すような加工精度の高い部品には、バリが発生している場所にだけバリ取り工具を当てるべきです。さらに、部品相互の衝突による打痕防止や工作物の固定による変形防止にも十分配慮がいります。

④ バリの大きさと均一性

図8-13に示すように部分的にバリが大きい、またはバリが不均一な場合には第1工程でバリ取り能力の高いカッタや砥石で除去してしまいます。次に第2工程で噴射加工やブラッシング、またはバレル加工を用いる2工程の方法を用います。一方、バリが小さい場合には砥粒を用いた噴射加工、バフ加工、ブラッシング、バレル加工などの方法や電気化学的・熱的方法で除去するのが良い方法です。

⑤ 洗浄工程

ブラッシング、バフ研磨を用いるとバフかすやバリくずが部品に付着します。これらを除去するために洗浄が必要になります。いわゆる二次効果の除去です。

⑥ ロボットの利用

ロボットを利用してバリ取りするときは、次の課題解決が必要となります。

ロボットのハンドには保持できる重量があります。図8-14に示すようにロボットハンドの可般重量によって、バリ取り工具を持たせるか部品をもたせるかを決めます。

部品形状誤差やチャック精度を考慮にいれて、バリ取り工具または部品チャック治具に「逃げ」を設けます。バリ発生個所である部品の外径形状に高精度に追従させる力センサを導入するか、ばねや空気圧を用い

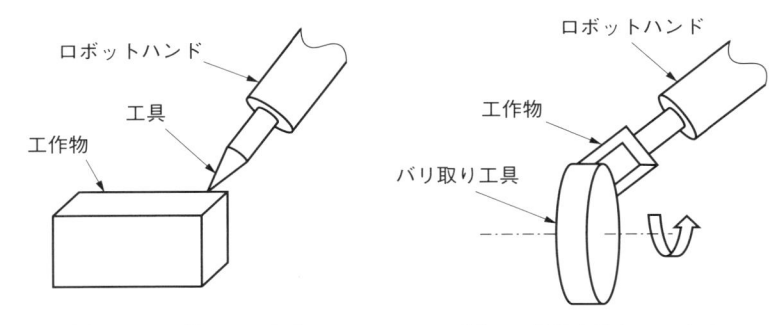

(a) 工具を持たせる方式　　　　(b) 工作物を持たせる方式
図 8-14　ロボットを使用したバリ取り・エッジ仕上げ方式

た自己倣い方式を採用するか検討が必要です。力センサ方式は設備投資額が高いので、その投資効果の検討が必要になります。

⑦　詳細な設備仕様

バリ取り法が決定されると、次に現場の生産ラインにいかに具体的な設備の形で導入するかを考えます。加工工程のどの位置にバリ取り工程を入れるのか、前後の工程との関連で工作物をいかにローディング、アンローディングするか、どのようなレベルで自動化するのか、バリ取り前後の洗浄工程が必要かなどを検討します。例え、バリ取り法が市販の設備を利用するものであっても、対象とする部品に合わせて設備を使いこなすためのノウハウを確立することが必要になってきます。

8-9 ● バリ取り・エッジ仕上げコストの計算

　バリ取り・エッジ仕上げ法の選択の決め手となるのは、部品1個当たりの加工コストを最小にする条件です。部品に要求される品質と生産量を満足し、すべての加工工程を総合した加工コストの最小化が要求されます。バリ取り・エッジ仕上げコストについて、設備導入前に試算して

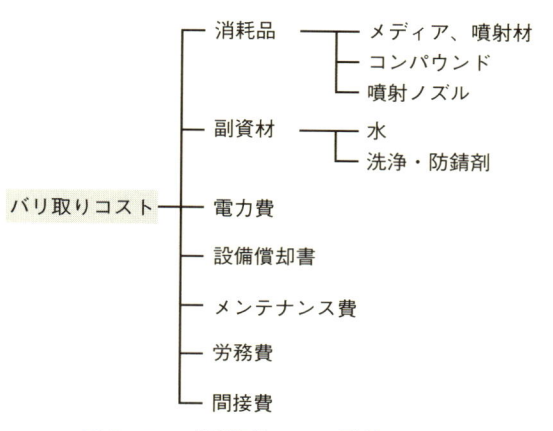

```
バリ取りコスト ─┬─ 消耗品 ─┬─ メディア、噴射材
                │           ├─ コンパウンド
                │           └─ 噴射ノズル
                ├─ 副資材 ─┬─ 水
                │           └─ 洗浄・防錆剤
                ├─ 電力費
                ├─ 設備償却費
                ├─ メンテナンス費
                ├─ 労務費
                └─ 間接費
```

図 8-15　バリ取りコスト計算の項目

表 8-4　遠心バレル加工によるバリ取りコスト計算例

項目		計算基準	単価	コスト	計算例
消耗品	メディア	15kg/槽投入 消耗率　1％/h	650円/kg	2,340	15kg×4槽 ×1％/h×6h ×650円/kg
	コンパウンド	0.02kg/槽投入	1,000円/kg	1,440	0.02kg×4 槽×18バッチ /d×1,000 円/kg
副資材	水	0.8L/バッチ	20円/L	288	0.8L×18バ ッチ/d×20 円/L
電力費		4.3kw	20円/h	602	4.3kw×7h ×20円/h
設備償却費		300万円、5年定額償却		2,000	
メンテナンス費		設備償却費の10％		200	
労務費		工作物投入・排出に1h	2,000円/h	2,000	
間接費		労務費の50％	1,000円/h	1,000	
合計			11円/個	9,870	

- 遠心バレル加工機：30L×4槽
- 作業時間：7h（6h加工、1h投入・排出）
- 加工時間：20min/バッチ
- メディア：槽の50％投入
- 生産数：900個

（単価は仮定の価格です。）

表 8-5 噴射加工によるバリ取りコスト計算例

項　目	計算基準	単　価	コスト	計算例
消耗品 噴射材	0.54 kg/h	300 円/kg	4,536	0.54 kg×4本ノズル×7 h×300 円/kg
電力費 圧縮空気用	22 kW	20 円/h	3,080	22 kW×7 h×20 円/h
設備償却費	1000万円 5年定額償却		6,667	
メンテナンス費	設備償却費の 10%		667	
労務費	投入・排出は自動	2,000 円/h	2,000	
間接費	労務費の 50%	1,000 円/h	1,000	
合計		9 円/個	17,950	

- 噴射加工機：ノズル 4 本
- 作業時間：7 h
- 工作物準備は手作業
- 生産数：2000 個

（単価は仮定の価格です。）

おくことは重要です。

　図 8-15 はコスト計算の項目をまとめたものです。設備償却費などの計算は見通しがつきますが、消耗品や副資材のコスト見通しが重要です。これらは予想外に大きな部分を占めます。

　表 8-4 は遠心バレル加工法を用いた場合の、バリ取り・エッジ仕上げコストの計算例です。表の下側のランニングコスト計算例では、メディアとコンパウンドの消耗品費が 38% 程度を占めています。量産に入ってみなければ、詳細なコストが分からない部分です。

　同様なコスト計算を噴射加工について試みたのが表 8-5 です。消耗品である噴射材のコスト割合は、約 25% を示しています。

　装置価格とともに、消耗品費のコスト割合にも注意しましょう。

第9章

バリ取り・エッジ仕上げ課題解決のために

　バリ取り作業改善はなかなか思うようにいかない場合があります。意図したとおり推進できない、また意図したようにできなかったときにはぜひこの章を読んでください。具体的にバリ取り作業改善に取組んだときに、「失敗した」、「もう一度やり直ししなければならない」、「推進の壁にぶつかった」場合の内容を取り上げて、その原因や改善法を述べてあります。失敗から得た情報ですからきっと読者の皆さんに役に立つはずです。

9-1 ● バリ取り改善を始めるときに

　バリ取り・エッジ仕上げ工程は部品製造工程では**図 9-1**に示すように加工段階の工程です。バリ取り工程は最終工程に近い工程ですから、バリ取り工程の改善だけを取り上げると事後対策になってしまいます。しかも部品の加工はほとんど終わっていますので、バリ取り・エッジ仕上げ工程では部品の寸法・形状精度や表面粗さを維持しなければならない、という厳しい制約が付いてきます。

　バリの課題解決を速やかに推進するためには製品製造工程の一番上流の工程である設計から、バリに対しても配慮すべきです。つまり、事前の対策である機能設計と部品設計、そして当座の対策としの製造設計が重要です。このためには、バリ対策について図9-1に示すように設計者の協力を得ることが大切です。図9-1にはそれぞれの工程で必要な対策

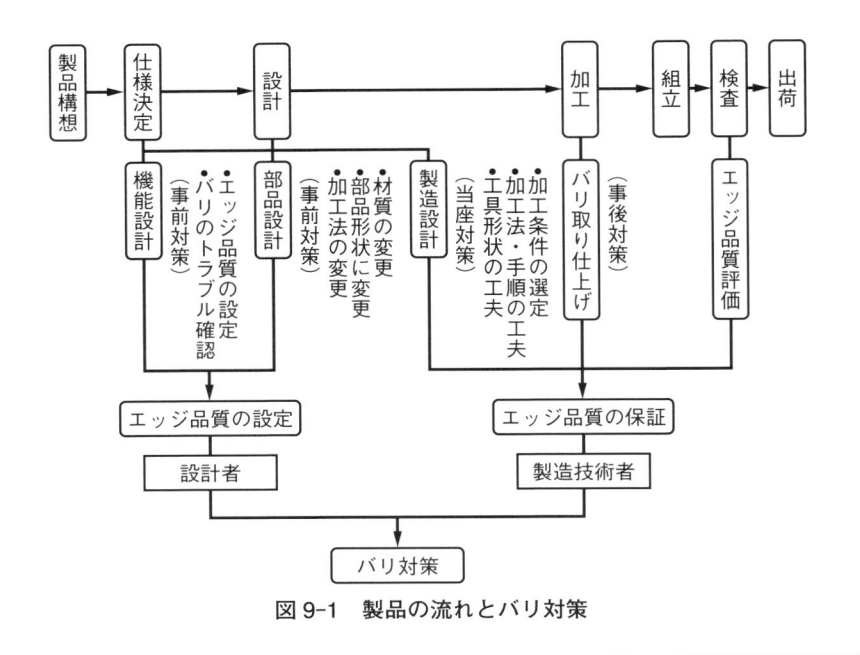

図 9-1　製品の流れとバリ対策

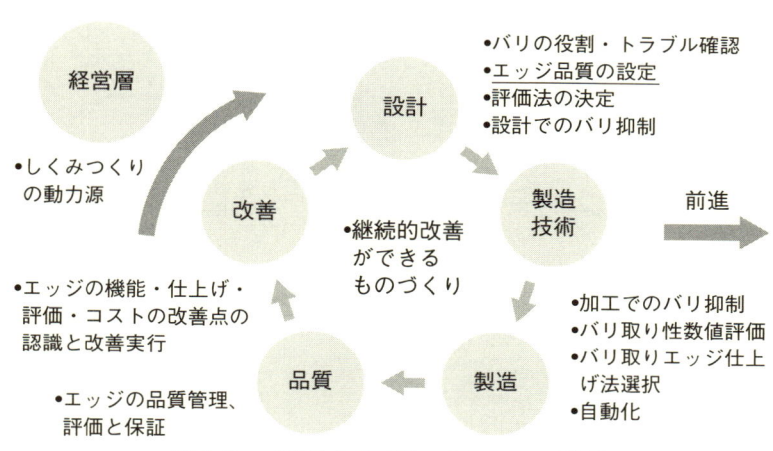

図9-2 バリテクノロジーのPDCAで前進

例を示してあります。もっとも大切なことは、機能設計・部品設計段階でエッジ品質を設定することです。

実際の改善活動は図9-1の「流れ」ではありません。**図9-2**に示すように改善サイクルです。ものづくりに携わる者の全員がバリ対策のために継続的に改善し、前進するように推進すべきです。この図9-2のようにバリ対策に取り組めば、改善活動は必ず成功します。

9-2 ●「バリなきこと」「糸面取り」に対応するには

「バリなきこと」「糸面取り」と図面指示されていることがあります。

「バリ」を定義すると「エッジ（2つの面の交わり部）における、幾何学的な形状の外側の残留物」（JIS B 0051）です。この「バリがないこと」を**図9-3**に示します。「バリなきこと」を定義どおりに加工すると図（b）の（1）になります。設計者は「バリなきこと」の意味をこのようなエッジ形状であると考えて指示しているのでしょうか？　このエッ

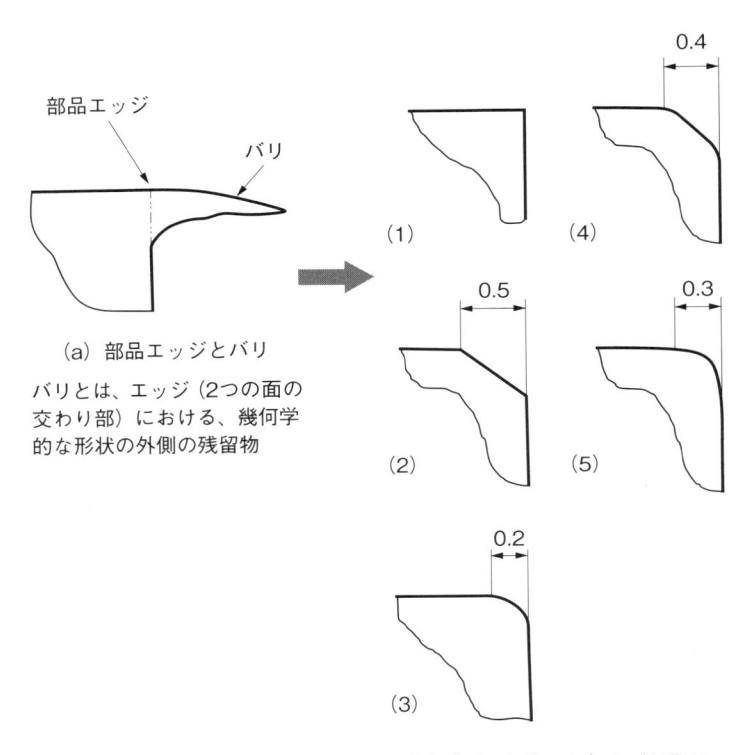

図のような部品エッジとバリの図と、バリ取り後の各種エッジ形状(1)〜(5)が示されている。

(a) 部品エッジとバリ

バリとは、エッジ(2つの面の交わり部)における、幾何学的な形状の外側の残留物

(1)
(2) 0.5
(3) 0.2
(4) 0.4
(5) 0.3

(b)「バリなきこと」のバリ取り

図 9-3 「バリなきこと」の部品エッジ形状

ジ形状に仕上げるには、コストと時間がかかります。設計者は「バリがあるとつごうが悪いので、取り除いてほしい」と考えているはずです。

一般に、バリ取り仕上げを行うとエッジの形状は図 (b) の (2) 〜 (5) のようになります。カッタで削れば図 (b) の (2) になり、バレル加工では図 (b) の (3)、(4)、(5) のエッジ形状になります。設計者がどのエッジ形状を指示しているか不明なまま部品ができ上がります。また、エッジ寸法もまちまちで決まらないまま、トラブルを引き起こす要因となります。

「糸面取りのこと」と図面指示されると製造者によって判断が違ってき

ます。糸の太さは0.1～0.5程度です。面取りですからエッジ形状は図9-3（b）の（2）で、大きさは一般的に中間値を採って0.3 mm程度になっています。この部品エッジ形状はカッタで削る方法が適用されます。設計者の意図する部品エッジ形状に合致するでしょうか？「糸面取りのこと」ではエッジの大きさが決まっていないので、トラブルの原因になります。

　まず、図9-1に示す機能設計段階でバリによるトラブルを確認して、部品エッジを「JIS B 0051 製図―部品のエッジ―用語及び指示方法」に基づいて設計することが重要です。「バリなきこと」、「糸面取りのこと」などの定性的な部品エッジの表現ではなく、数値を用いて定量的に、どの程度のエッジ寸法・形状が必要なのかを図面指示することが重要です。

9-3 ● エッジは面取りCか・丸みRか

　部品エッジを設計する場合に、図9-3（b）の（1）～（5）に示すような形状でシャープエッジ、面取りCと丸みR、そして面取りと丸みの混合形があります。一覧表にまとめて**表9-1**に示します。エッジの設計で機能上必要とされるエッジ形状を選択する必要があります。人体に危害を加えないための部品エッジであれば混合形0.1～0.2 mm程度です。そのエッジ形状は図9-3（b）の（3）、（4）、（5）です。

　シャープエッジはエッジをバックアップ材で挟んで加工して、加工が完了したのちにバックアップ材を取り除いてシャープエッジを得る方法があります。ロータリカッタなどを用いて切削加工すれば面取りCになります。そして、弾性工具やバレル加工などの遊離砥粒加工ではエッジ形状は丸みRになります。一般にバリを除去した後のエッジ形状は図9-3（b）の（4）、（5）の形状になります。

　次に、このエッジ品質を保証するための測定法を決めます。簡易的には拡大鏡が用いられます。図9-3（b）の（2）の測定はエッジの境界が

表 9-1　部品のエッジ形状と加工・測定

部品エッジ形状	おもな加工法	エッジ寸法測定	注意点
1. シャープエッジ	ラッピング	難(測定器の分解能)	二次バリ・欠けが出る
2. 面取り　C	切削加工	容易（拡大鏡）	二次バリが出る
3. 丸み　R	弾性工具または遊離砥粒加工（バレル加工、ブラッシング、噴射加工）	難（境界の見分け）	シャープエッジから正確な丸みをつくることができる
4. 混合形	バレル加工、ブラッシング、噴射加工、切削の後にブラッシングなど	難（境界の見分け）	バリがあると混合形になる

明確になっていますので最も容易に測定できます。しかし、他のエッジ形状は丸み R と交わる面の境界の見分けが困難です。光の反射などを利用する方法は熟練を要します。また、バリ取り・エッジ仕上げした結果、さらにバリ、つまり二次バリが生成する場合があります。エッジ形状を決める場合に注意が必要です。

9-4 ● テスト加工はうまくいったのに

　テスト加工はうまく成功し、設備導入しました。ところが、実際に製造現場でバリ取り加工すると、テスト加工で得た良い結果で稼働できないことがあります。その原因は次のような条件の変化があります。

① テスト加工に供したサンプルは一番大きなバリのある部品ではなかった。
② バリ取りした部品の寸法やバリの大きさのばらつきが大きい。
③ バリ取り仕上げ装置のバリ取り能力が低下してしまった。

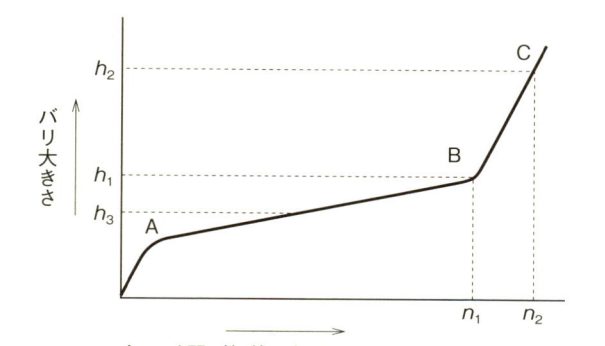

図9-4 機械加工する部品のバリ大きさの変化

（1） 一番大きなバリでテスト加工しよう

バリは部品加工を進めていくと大きくなっていきます。プレス打抜き加工の事例を**図9-4**に示します。打抜き数が多くなれば工具の摩耗によってバリ高さは大きくなります。テスト加工に用いたサンプルは、どの大きさのバリでしょうか。バリ高さ h_3 でしたら、もう一度テストのやり直しです。h_1 でも適切なサンプルとは言えません。バリ高さ h_1 のサンプルでテスト加工したときは機械装置や加工条件に余力が必要です。その理由は次の内容によって、さらにバリ高さが高くなる可能性があるからです。テスト加工のサンプル提出に十分注意を払いましょう。

① **ポンチとダイスの組立て精度が悪いとバリが大きくなります**

打抜き金型は、ポンチとダイスに分けて製作して、プレス機械に組み付けます。ポンチとダイスの機械加工精度と組み付けの技能によって組み付けの偏りがあります。**図9-5**にクリアランスが異なってしまった金型の例を示します。この偏り量がバリの大きさに影響します（**図9-6**）。クリアランスが大きい部品のエッジのバリ高さは、クリアランスが小さい部品のエッジと比較して、2倍以上高くなる場合もあります。

② **プレス機械精度によってバリ高さが異なります**

機械精度のよいプレス機械と精度の悪いプレス機械との比較でも、バリ高さが異なります。打抜きが進むにつれて、精度の悪いプレス機械で

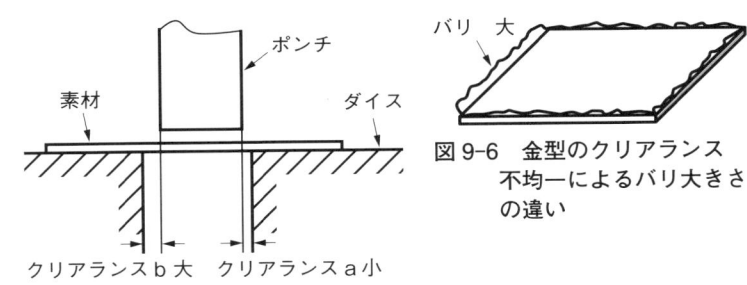

図 9-5　クリアランス不均一の打抜き金型

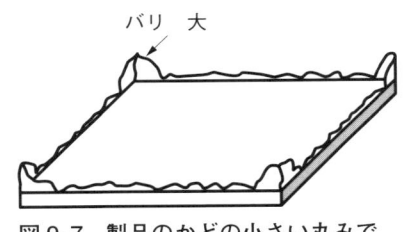

図 9-6　金型のクリアランス不均一によるバリ大きさの違い

図 9-7　製品のかどの小さい丸みで大きなバリを生成

はバリ高さが 5〜6 倍大きくなる例があります。プレス機械運転中にねじが緩んで、機械精度が悪化することもあります。精度の良い機械を維持するには、購入時に保証された機械精度をメンテナンスする日常の保守管理活動が重要です。

③　部品のコーナ部分に大きなバリが生成します

図 9-7 は打抜いた部品のかどの丸みが小さいために、部品エッジのバリが大きくなった例です。部品のかどの丸みが小さい場合に、打抜きが進んでいくとポンチとダイスの摩耗は、部品のエッジにあたる個所が大きくなります。したがって、生成されたバリも部品エッジで大きくなります。大きなバリは部品のかど部に存在します。

④　クリアランスが大きいとバリが大きくなります
⑤　刃先の再研削が十分でないとバリが大きくなります

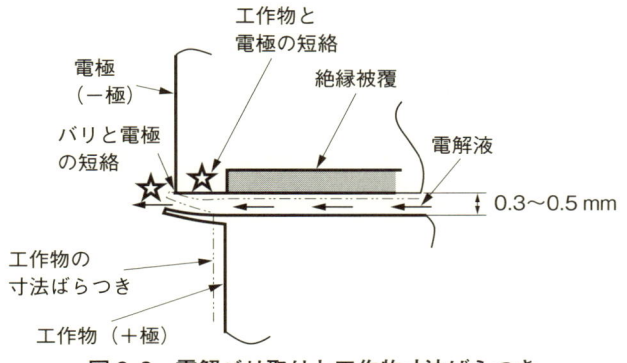

図9-8 電解バリ取りと工作物寸法ばらつき

（2） 部品の寸法ばらつきを小さくしよう

部品にも寸法公差がありますので、部品寸法はばらついています。図9-8に電解バリ取りの例を示します。電解バリ取りでは電極と工作物との初期間隔を0.3〜0.5 mmに設定する場合には、工作物のばらつきを0.1 mm以下におさえる必要があります。

もし、前加工での寸法ばらつきがこの値より大きい場合には、電極とバリが接触し、短絡して電極を損傷します。そこで、前加工の工作物の寸法ばらつきが当初設定値より大きい場合には、初期間隔を1.0 mm程度まで広げる対策が必要です。この場合は、加工時間が長くなります。さらに、バリ残りやエッジの丸み寸法にばらつきが発生します。また、電極は消耗しますので、加工時間が経過すると電極と工作物の間隔が広くなりますので、常に間隔調整が必要となります。

（3） バリ大きさのばらつきを小さくしよう

電解バリ取りの加工条件の設定は、一番大きなバリ大きさに設定します。したがって、バリが小さい、大きいなど、そのバリ大きさにばらつきがありますとエッジの丸みRの大きさにもばらつきが出ます。図9-9に示すように、通常ではバリ根元厚さは0.2 mm以下が適正です。これより異常に大きなバリではバリ残りが発生し、さらに小さすぎるバリの

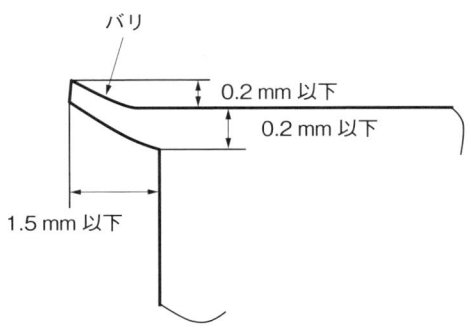

図 9-9　電解バリ取りのためのバリの大きさ

場合にはエッジ丸み R が大きくなりすぎます。

　丸み R に一定の寸法範囲がある場合にはまず、バリ大きさを一定の範囲にコントロールする必要があります。単にバリを除去すればよいのであれば、電極と工作物の間隔を広げて加工時間を長くすればよいわけです。

（4）　バリ取り装置のバリ取り能力の低下を止めよう

　バリ取り・エッジ仕上げ装置に用いている工具も摩耗してきます。ブラシ加工では加工時間の経過に伴い、ブラシ径が小さくなってきます。バレル加工では、使用しているメディア（研磨材）のサイズが小さくなります。

　表 9-2 はメディアの摩耗とコストの関係を示した例です。これは実際の失敗例です。テスト加工で得られた部品のエッジ丸みは表 9-2 に示すようにメディア A と B とでほとんど同じ能力でした。当然ながら価格の安いメディア A を選択しました。ところが、量産に入ってテスト加工で得たエッジ仕上げ量が得られなくなってきました。原因を調べてみると表 9-2 に示すようにメディアの消耗が予想より速く、メディアのバリ取り能力が低下していました。そこで、価格はメディア A の 2 倍程度ですが、メディア消耗率が 1/5 程度のメディア B に交換しました。バレルメ

表 9-2 メディアの比較

項　目	メディア A	メディア B	
エッジ丸み R〔µm〕	40	50	
価　格	1	2	メディア A＝1 とする
消耗率	1	0.2	メディア A＝1 とする

ディアの消耗がバリ取り能力を下げてしまった例です。

　仕上げの能力を維持するために、サイズの小さくなってしまったメディアを選別して除外し、新品メディアを追加します。しかし、ランニングコストを下げたいので、選別時間間隔を広げます。すると、あらかじめ決めた寿命時間以上にメディアを使うことになり、仕上げ能力が落ちてきます。さらにメディアサイズが小さくなると、部品の穴に詰まる問題が発生してしまいます。

9-5 ● 複雑形状部品のバリ取り方法は

　複雑形状部品では、すべてのエッジを同時にバリ取り仕上げするのは困難を伴います。**図 9-10** にその一例を示します。図（a）に示す①は平面加工のバリが溝の内側に発生し、バリ大きさは 50 〜 60 µm、②は内面研削加工のバリが穴の内側に大きさ 20 µm、③は平面加工バリ 50 〜 60 µm です。エッジは丸み R は 0.05 〜 0.1 mm に仕上げる必要があります。

　部品全体にバリ取り工具が行き届く加工法として、バレル加工や噴射加工があります。しかし、バリの種類・大きさが異なりますので、すべてのエッジのバリを同じ工具で除去するのはかなり困難です。このような複雑形状部品、またはエッジとバリの状況が異なる場合には、それぞれに適したブラシ工具を図（b）、(c)、(d) のように用いてエッジ仕上

(a) 複雑形状部品
(b) ①のバリ取り

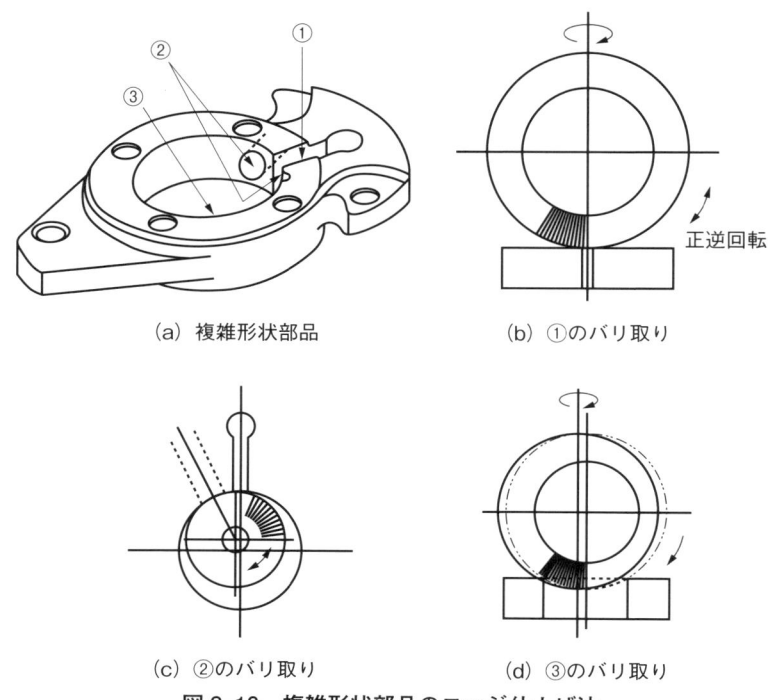

正逆回転

(c) ②のバリ取り
(d) ③のバリ取り

図 9-10　複雑形状部品のエッジ仕上げ法

げする方法が採用されます。

　①のバリについては、図（b）のようにホイールブラシを遊星回転させながら正逆回転を行い、バリ取り・エッジ仕上げを行います。

　②のバリに対しては、図（c）のように棒状ブラシにオシレーションを加えながら正逆回転して加工します。

　③のバリに対しては、図（d）のようにホイールブラシが複雑形状部品の③の1個所で接触するように、その中心よりずらして遊星回転させながら加工します。

　それぞれのバリ大きさに応じてバリ取り条件を選定できるので、バリ取りに適切な方法です。設備への初期投資はかかりますが要求するエッジ品質は確実に得ることができます。

9-6 ● 多品種少量に対応するには

　多品種少量生産のバリ取り・エッジ仕上げ作業改善には、バリ取り加工法選択だけでは解決しません。多品種少量生産では、まず手作業における作業工具や部品のハンドリングを徹底的に見直すことが重要です。次のような観点から作業全体を見直しましょう。

（1）　部品形状や材質にこだわらない加工法を適用しよう

　まず第一に考慮することは形状、寸法、材質などの部品の多様性にこだわらないバリ取り・エッジ仕上げ法を適用することです。バレル加工、噴射加工、化学加工、ブラシ加工です。それぞれの加工法が持っているバリ取り能力の違いを明確にして適用する必要があります。

（2）　類似の部品形状を集める

　すべての部品を、グループテクノロジー的考え方に従って形状分類し、類似形状部品なら1つの専用機でバリ取り加工するというフレキシブルな専用機を開発することも有効です。グループテクノロジー（GT）とはJISで「多種類の部品を、その形状、寸法、素材、工程などの類似性に基づいて分類し、多種少量生産に大量生産効果を与える管理手法」と定義されています。

　図9-11に一例を示します。図はグループテクノロジーの考え方で形状類似分類を行っています。図面に基づいて図9-11のように角もの、丸ものなど部品形状で分類し、類似形状部品グループごとにフレキシビリティを持って適用できるバリ取り機を設備化する方法です。

　このような考え方のバリ取り・エッジ仕上げ専用機の例として、いろいろなモジュール、寸法を持つ歯車に適用できるバリ取り機があります。歯車形状バリ取り・エッジ仕上げでは、歯形の形状に倣って工具が動く、つまり歯形倣い方式にすれば、いろいろのサイズの歯車に対応できます。

(a) 角もの　　　　　　　　　　(b) 丸もの

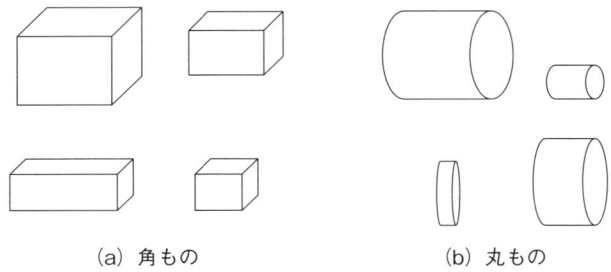

図 9-11　多品種部品の分類
（グループテクノロジーによる）

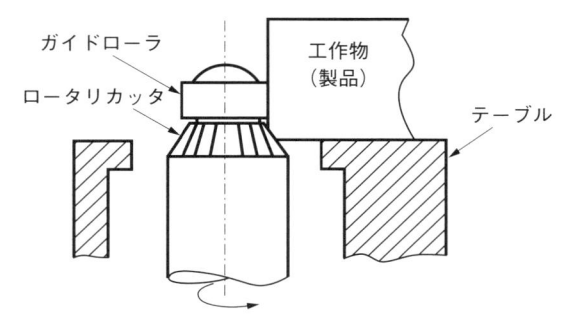

図 9-12　工作物形状に倣うエッジ仕上げ方式

（3）　バリ取りロボットを使用する

類似形状部品のバリの種類や寸法に応じて適正な工具を選択して、プログラミングを簡単にして使用できます。

（4）　作業性の良い工具、道具を選びましょう

ちょっとした作業工具の利用で、作業能率が大幅に向上します。**図 9-12** に示した例は部品形状に倣えるようにガイドローラをカッタ上部に設けたものです。ガイドローラがあるので、内外面、異形、曲面のバリ取り後に一定の面取りが行えます。**図 9-13** はボール盤に取付けられる便利な工具で、部品内部にあけた交差穴の面取りができます。

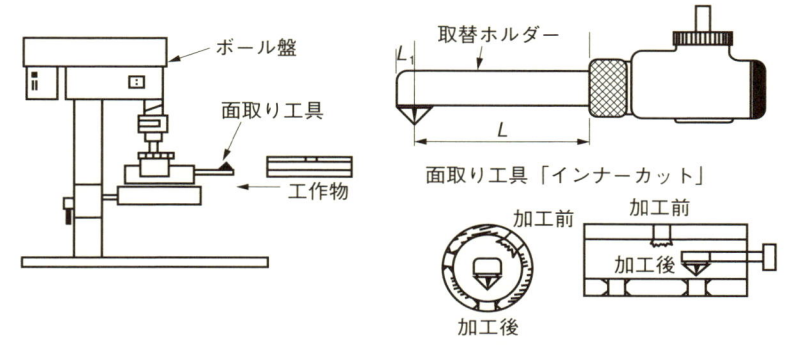

図 9-13　ボール盤に取り付けられる内外部・穴の面取り工具
（株）藤居製作所

9-7 ● バリ取り改善がうまくいかないのはなぜ？

　バリ取りコストが高いので、もっと安くしたいと感じている経営者は現状のバリ取り作業改善を指示します。経験的にバリ取りコストは加工コストの5～10％を占めています。指示されて技術者はすぐにいろいろのバリ取り方法を調査します。しかし、すぐには最適なバリ取り法がありません。なぜでしょうか。そのように簡単に見つかるのであれば、とっくに製造ラインに組み込まれています。指示される前にバリ取り作業改善に挑戦してきましたが、何人もの技術者が途中で挫折しています。バリ取り作業が部品加工の最終工程に近いところで行われ、部品寸法、部品表面など注意すべき内容がたくさんあるのも障害の1つの理由です。次にネックとなる問題と解決方法を列記します。

（1）　まずバリ大きさを測定しよう

　バリとエッジを測り、バリの形状と寸法を見てバリ取りを選択します。設計から要求された部品エッジの仕様があります。図面指示が丸みR

とすればバリの大きさ、特にバリの根元厚さは丸みRより小さくなければなりません。バリの根元厚さを測定して、丸みRが大きくなっているかを調べましょう。バリは加工時間、打抜き数などで常に大きくなることが予想されています。もっとも大きなバリ根元厚さのデータが必要です。また、製造現場ではバリを管理、コントロールしていますか。バリが製造条件の見える化の機能をはたしていますか、チェックしましょう。

（2） 部品の寸法・形状精度にばらつきがあります

　対象とする部品の寸法・形状精度はすべて同じではありません。バリ取り仕上げ加工後の部品への影響、つまり二次効果を見逃さないことが大切です。

　寸法公差のある部品の例を**図 9-14** に示します。部品寸法は図面指示された公差の範囲で**図 9-15**（a）に示すようにばらついています。バリ取り・仕上げ加工前後で、部品の寸法がどのように変わるかをテスト加工でチェックしましょう。図（b）に示すように部品寸法の公差を外れてしまうと、そのバリ取り仕上げ法は適用できません。バリ取り仕上げ法を適用しても公差が外れないように、前加工で工夫する必要も生じます。

　バリ取り対象となる部品の寸法ばらつきを見込んだ対策も必要です。この部品の寸法ばらつきが問題にならない加工、具体的にはバレル加工、ブラシ加工や噴射加工を適用するのが最善です。しかし、バリ取り・エッジ仕上げ専用機を製作する場合には、この部品の寸法ばらつきを吸収

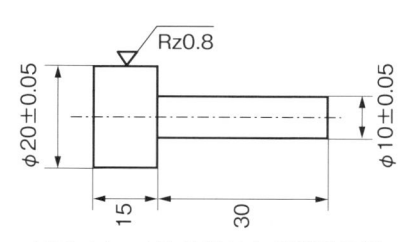

図 9-14　寸法公差のある部品の例

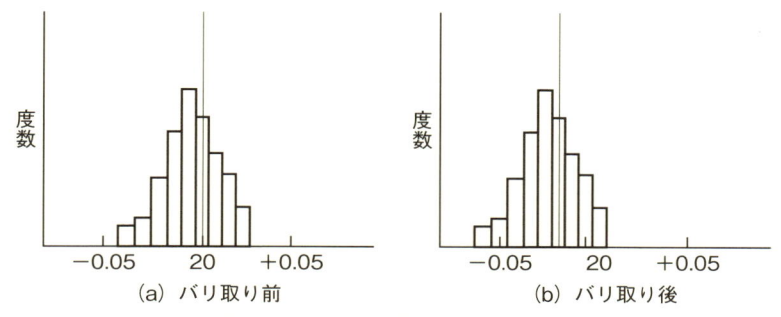

図 9-15　φ20 寸法のヒストグラム
（バリ取り・エッジ仕上げ加工の二次効果で寸法減が生じている）

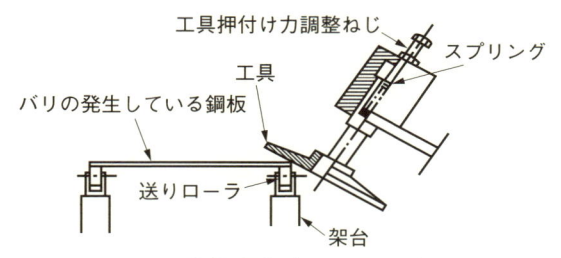

(a) バリ取り前

(b) バリ取り後

図 9-16　工作物寸法ばらつきを吸収できる
エッジ仕上げ方式

する機構が必要です。図 9-16 に一例を示します。図は鋼板のバリ取り装置です。鋼板を一定幅にスリットしたときにその両端にバリが発生します。この両端のスリッティングバリを除去する装置です。バリ取り用の工具をスプリングで鋼板エッジに押しつけて、工具切れ刃でバリ取りします。鋼板の寸法ばらつきは、スプリングによって調整されます。

（3） バリ取り方法は一長一短があります

一般的な情報をまとめたバリ取り選択表を表 9-3 に示します。技術は進歩していますので一番進んでいる技術情報が必要です。例えば図 9-17 に示した精密円筒部品のエッジ仕上げ後の部品エッジの断面形状を図 9-18[12] に示します。図（a）は丸みのあるエッジ形状になっています。

表 9-3　各種バリ取り方法の原理と特徴

バリ取りプロセス （　）内は開発時期	バリ取り原理					対象とするバリの大きさ	対象とする加工物の形状、材質およびバリの位置	自動化の難易	作業能率あるいはサイクルタイム
	研削	切削	化学的	熱的	電気的				
切削工具または砥石によるバリ取り（主として手作業）	●	●				大→小	工具がバリに接触できることが必要。複雑形状に対してはカムまたは制御を利用して倣う。		1～20分
回転式バレル研磨（1857）	●					中→小	内バリは除去しにくい。		1バッチあたり 1～20時間
エアーブラスト（1898）	●					中→小	薄肉部品は変形する恐れがある。複雑形状でもよい。内バリの除去に適する。	○	1～2分 400個/時間
ベルト研削（1915）	●					大→小	平面または円筒部品の外バリの除去に適する。		30秒～3分 200～400個/時間
ブラッシング（1943）		●				大→小	加工物の輪郭にならってバリ取りが可能。工具が到達できれば内バリも除去できる。	○	2500個/時間 1～5分
電解研磨（1945）			●		●	小	鋳鉄やSi、S、Cの多い合金には不適。		1バッチあたり 30秒～10分
液体ホーニング（1947）	●					小	複雑形状でもよい。	○	1～3分
スピンドル方式バレル研磨（1954）	●					中→小	衝突をきらう精密あるいは軟質部品に適する。歯車などを対象。	◎	10秒～2分
振動式バレル研磨（1955）	●					中→小		◎	30分～2時間
化学的振動研磨（1956）	●		●			小	ロット数 10～20		20分～1時間
超音波バリ取り（1957）	●					小	きわめて小さく、うすいバリの除去に適する。		
遠心式バレル研磨（1958）	●					中→小	衝突を嫌う部品に向く。小物部品に適する。	○	1バッチあたり 5～20分
化学的バリ取り（1959）			●			小	炭素鋼、ステンレス鋼、Alおよび軽合金に適す。形状にこだわらない。マスキングにより選択的バリ取り可能。		1バッチあたり 15秒～34分
塩素ガスバリ取り（1962）			●			小			20秒～1分
電解バリ取り（1963）			●		●	大→小	導電材料ならばバリ取り可能。とくに内バリを選択的に除去できる。	○	10秒～3分
電気化学的振動研磨（1966）	●		●			小			1分前後
火焔バリ取り（1967）				●		中	大きな鋳バリ取りに適する。		0.8～1.7 mm/秒
熱衝撃バリ取り（1969）				●		小	鉄、非鉄、プラスチックやゴムのバリ取り可能。低い熱伝導率や酸化しやすい材料に向く。部品の肉厚はバリの厚さの15倍以上が必要。形状にこだわらない。		20秒 800個/時間
砥粒流動によるバリ取り（1970） (extrude hone process)	●					小	治具の設計により選択的なバリ取りが可能。複雑形状でも内バリでも除去できる。	○	1～5分 同時多数個可能
水ジェットバリ取り（1971）		●				小	Al、Zn部品に向く。面取りは期待できない。小さくて脆いバリ取りに適する。	○	200～500個/時間

注　1）自動化の難易、作業能率、設備費の欄で空所は今後の開発を待つか、不明のものです。
　　2）対象とするバリの大きさは大、中、小の表示で相対的に表現しました。バリの根元の厚さでいえば、大＞0.5 mm、中 0.1～0.5 mm、小＜0.1 mm を目安とします。

第9章 ● バリ取り・エッジ仕上げ 課題解決のために

二次効果			設備費	特徴	代表的適用例
寸法減	仕上げ程度	面取り*			
		±0.05 mm		人手作業でナイフ、やすり、ブラシ、砥石、アブレシブディスクを用いるもの、歯車バリ取り機のように商品化されたものもある。	
<5 μm	0.05 ～0.8 μm	±0.025 mm	安	小物部品（プレス打抜き部品も含む）のバリ取りに有効。ただし、軟質材料や精密部品、うす板材料などに打痕・変形を嫌うものは不適。	シートベルト、バックル、眼鏡フレーム、ねじ部品、外科用器具
10 μm 前後	1～8 μm	0.08～0.25 mm		くるみ殻などの吹付けにより電子部品モールドバリをとる場合もある。ガラスビーズ吹付けは金属切削部品を対象とする。	カムシャフト、トランスミッションケース、歯車、ベアリングキャップ
<10 μm	0.8 ～1.6 μm			プレス打抜きバリの除去に有効。工夫すれば用途は広い。NC装置付鋳バリ取り装置も開発されている。	鋳物、鍛造部品、板、シャフト
0.08 mm 前後		<0.1 mm		比較的大きいバリにはワイヤブラシ、小さいバリにはTampico（植物繊維）ブラシなどを用いる。	コネクティングロッド、自転車スプロケット、タービンロータ、バルブ、自動車窓枠
バリの厚さ程度	0.05 ～0.4 μm	0.08 mm		ステンレス系に適するが、あまり用いられない。	フルイ、フィルタ
<3 μm	0.4 μm 前後	2 μm～0.13 mm		あらゆる金属、プラスチック成形バリにも用いる。精密部品のバリ取りが可能。	
<5 μm	0.4 ～1 μm	±0.005 mm	高	オートローディングを工夫すれば自動化できる。	コンプレッサ部品、歯車
<5 μm	0.2 ～0.8 μm	0.08～0.25 mm	安	ボックスとサークルタイプとがある。振動を利用して能率をあげ、さらにメディアと加工物の自動選別が可能である。	コンプレッサバルブ、AIピストン、トランスミッション歯車、Znダイカスト部品、チェーン、リンク
0.08～0.15 mm	0.1 ～0.5 μm	<0.5 mm		化学的除去作用を付加したものである。	
0.05～0.08 mm	0.3 μm 前後	0.05 ～0.13 mm		化学的腐食液または砥粒を混ぜたスラリ中に加工物をおき、超音波をかける。	
<5 μm	0.05 ～0.8 μm	±0.025 mm		バレル数個を同時自転しながら、公転により遠心力を付加し、能率向上をねらう。	ベアリング、歯車、焼結部品、時計部品、チェーン部品、小物鋳造品、精密部品
10 ～80 μm	0.15 ～0.8 μm	寸法減の2～3倍	安	うすいバリに適用。厚いバリはこの方法でうすくして、その後バレル研磨するとよい。	ねじ部品、プレス部品
0.01 ～0.25 mm	0.2 μm 前後			鉄系金属を塩化し気化する。有害ガスが発生するので、まだ実験室段階である。	
なし	影響せず	0.13 ～0.25 mm	高	部品内部の穴の交差したところのバリの除去など。電解バリ取り機として商品化されている。	シャフト油穴、トランスミッション部品、コンプレッサ部品、歯車、ダイカスト部品
2 μm ～0.1 mm	2 μm 前後	0.08 ～0.5 mm		メディアとして球状のグラファイトを用い、導電性を与える。	
なし	影響せず	0.13 ～0.25 mm 前後		アセチレン焔でバリを溶解して除去する。大きな鋳物などに適する。	
3 μm 前後	0.8 μm 前後	鋼鉄 0.5 ～1.5 mm AI 0.05～0.25 mm	高	水素・酸素の混合気体を爆発させ、エッジ部分は数千℃に達して酸化し、マッハ8のガス衝撃で瞬時に吹きとばす。AI系合金に適する。	Znキャブレタ、真鍮バルブ歯車
バリの厚さ程度	0.05 ～0.4 μm	±0.04 mm	高	精密部品に適用され、交差した穴のバリや複雑な曲面の仕上げに適する。	2サイクルエンジン部品、バルブ部品
なし	影響せず	0.05 ～0.25 mm	高	ノズル径 0.1～0.5 mm。水圧 15～75 kg/mm²。うすい脆いバリに適用。米国では自動車産業のトランスファラインの部品加工に実施。	自動変速機 AI部品、Znキャブレタ

3) 加工物の大きさに対する制約があります。
4) 設備費は 300 万円以下を安、1000 万円以上を高、を目安としました。
* ±表示はくりかえし精度。

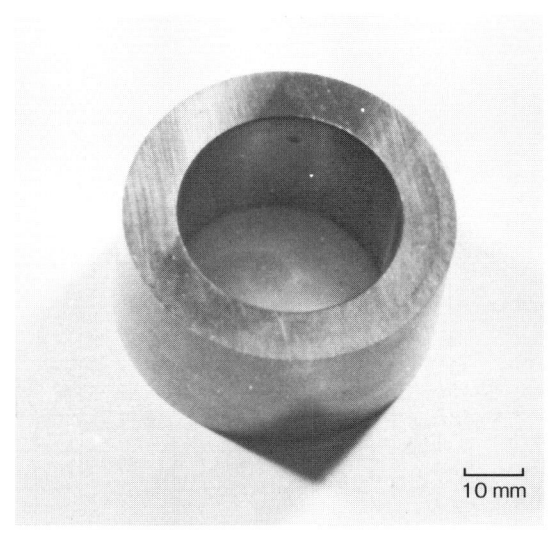

図 9-17　精密円筒部品

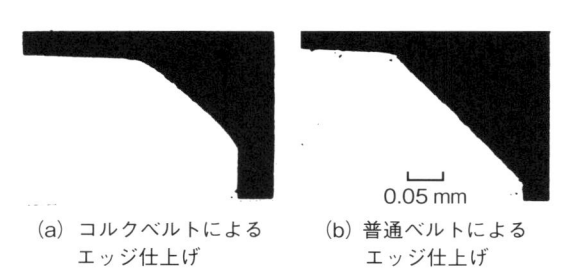

(a) コルクベルトによる　　(b) 普通ベルトによる
　　エッジ仕上げ　　　　　　　エッジ仕上げ
図 9-18　部品エッジの断面形状

しかし、図（b）はエッジがシャープな面取りになっていて、二次バリの発生も見られます。

このエッジ形状の違いは、バリ取り・エッジ仕上げに用いた研磨ベルトにあります。図 9-18（a）に示すようなエッジに丸みをもつ仕上げができるのは**図 9-19**（a）に示すようなコルク表面に研磨材を接着しているからです。コルクの弾性作用によってエッジに丸みができて、二次バリの発生を防いでいます。

(a) コルクベルト　　　　　　　　(b) 普通ベルト

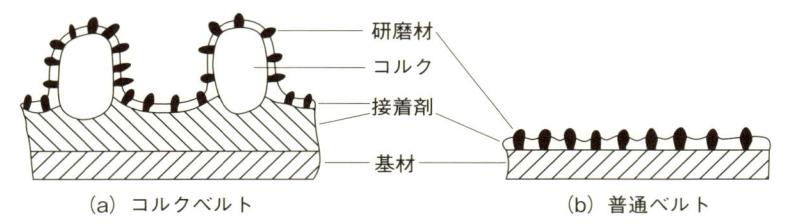

図 9-19　研磨ベルトの断面

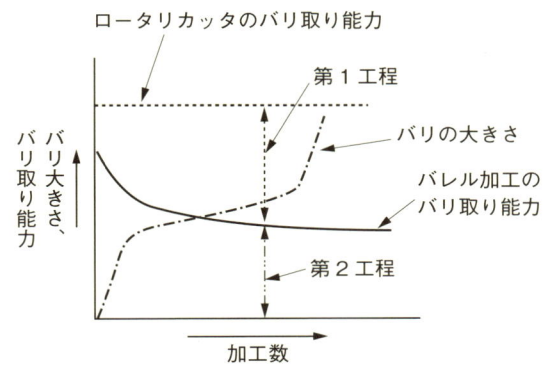

図 9-20　バリ大きさとバリ取り装置の能力
第1工程：ロータリカッタで大きなバリの除去
第2工程：バレル加工で小さなバリ除去

（4）　バリ取り方法を組合せて使用します

　バリ大きさが最大 0.2 mm より大きいと、各種のバリ取り加工法単独での除去が難しくなります。**図 9-20** にこの例を示します。

　図のバリの大きさは連続して部品をフライス加工したとき、生成するバリを加工順に並べて示したものです。図のフライス加工で生成するバリの大きさは一般的に 0.05 ～ 1.0 mm です。工具刃先の丸みや加工法、または工具摩耗が進めばさらにバリは大きくなります。

　ところが、振動バレル加工のバリ取り能力はせいぜい 0.2 mm 以下のバリに適用されています。フライス加工の初期段階では、バリの大きさが小さいのでバレル加工でバリ取りできます。しかし、加工時間が経過

するとバリ取り残しが出てきます。これを解決する手段は、大きなバリはバリ取り能力の高いロータリカッタで削ってから、第2工程のバレル加工を行う2段加工です。ロータリカッタだけでは工数が多くなるので、バレル加工を用いて加工コストを低減させます。

（5） 消耗品コストに注意しましょう

バリ取り・仕上げコストで消耗品コストはランニングコストのうちのかなりの部分を占めます。消耗品コストはメーカーでも詳しいデータはありません。消耗品を使用しているのは、バリ取りを行っている製造部門です。例えば、バレル加工に使用する消耗品のメディア（研磨材）の消耗率の小さいものは、微小バリ用で、時間当たり0.01％のものがあります。しかし、バリが大きくなれば研磨力の強い、三角形などのメディアを使用しますので、そのメディアの消耗率は大きく数％のものもあります。消耗率が1％/時間のメディアを8時間/日使用すると、直径20 mmメディアの体積が半分になる期間は1週間程度です。

（6） 二次効果を見逃すな

バリ取り対象部品の寸法や形状精度が、バリ取り・仕上げ工程で悪くなることはすでに述べました。次に対象部品の表面層への影響についても検討が必要になります。**図9-21**に示すような半導体部品ではプラスチックによる成形によって、リード上にプラスチックバリが生成・付着します。このプラスチックモールドバリを除去する必要があります。こ

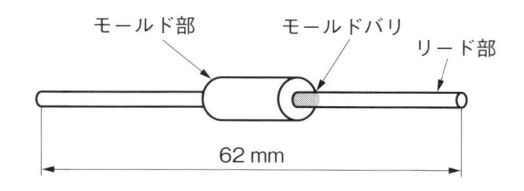

図9-21　半導体部品

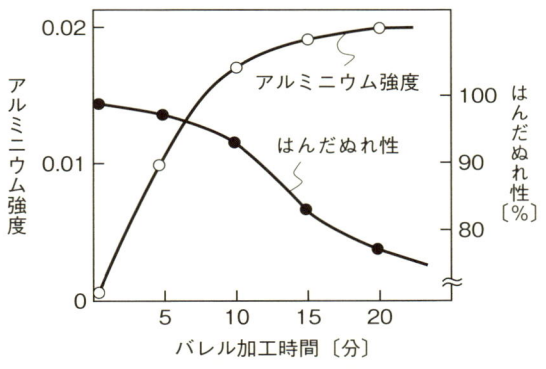

**図9-22　アルミニウムの表面層残留量と
はんだぬれ性の関係**

れはその後工程ではんだでリードをコーティングするためです。バリ取り工程でリードの表面層を変質させてしまうと、はんだがうまくコーティングできません。

図9-22はリード表面層部分へのアルミナ微粉の埋めこみと、はんだぬれ性を比較したものです。バリ取り工程にアルミナ砥粒のメディア（研磨材）を使用したバレル加工を行ったので、アルミナ微粉がリードに埋込まれています。この結果より、バリ取り後のリード品の表面層に埋め込みのないように、バレル加工時間を短かくする必要があります。短い時間でバリが取れなければさらに検討を進めて、アルミナ微粉の埋込みのないプラスチックメディアを使用する方法もあります。

9-8 ● バリは現場で管理しよう

バリは製造現場の見える化の指標ですと第1章で説明しました。

工具交換タイミングや金型再研磨タイミングなどは、バリの大きさ変化を記録して決めます。**図 9-23** にその例を示します。

機械加工によるバリ大きさは加工時間、打抜き枚数とともに大きくなります。一方、バリ取り装置のバリ取り能力は設備を設置したときには、メディアもサイズがそろっていますので、最大の研磨力、つまり、最大のバリ取り能力を発揮します。その後は消耗分のメディアを追加して、バリ取り能力を回復しながらバリ取り装置の管理を維持していきます。バリ生成を管理しなければ、図のようにバリが大きくなり、そのためにバリ取り装置の能力を超える状態になります。このような状況ではバリの取り残しが発生してしまいます。工具を交換する、金型を再研磨する、あるいはバリの大きさに合わせたバリ取り装置の加工時間を長くするなどの条件変更が必要になります。

バリ取り装置の管理者がバリ取り装置に工作物を投入する前に、工作物のバリの大きさを測定すれば、加工時間を長くする条件変更は容易にできます。バリを指標とした日常の見える化管理が重要です。

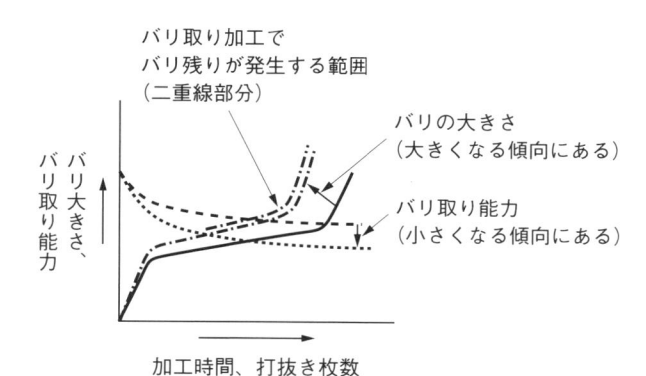

図 9-23　バリ大きさとバリ取り装置の能力の管理

おわりに

　バリは部品製造工程のほとんどで生成されます。このバリ取りは部品生産数が少ないときには問題になりませんでした。ところが生産数が増えてバリによる不良や不具合が発生すると、なんとかしたいという機運が出てきました。これが高度成長期に入る前でした。このころに私はバリ取りの仕事をはじめました。周囲の生産技術者は切削加工、研削加工など主だった加工分野に注力していましたが、バリへの注力は「やったことがある」程度でした。バリ取りに関連する加工法範囲が広く、バリ取り方法の選択が主な業務になると思われて、研究開発の対象に取り上げるには難しかったからでしょう。

　私はバリ取り・エッジ仕上げについて研究開発を始めてからすでに40数年になります。最初は家庭用エアコンの心臓部であるロータリコンプレッサの高精度部品の精密エッジ仕上げでした。精密部品を量産する中で、生成されたバリを除去し、図面に指示されたエッジ形状に仕上げる方法を見出し、装置化することでした。その後、半導体の樹脂バリ、発電機や変圧器の大形部品のバリ、鋳物バリ、セラミックス部品、フィルムの粘着剤バリなど種々のバリ対策を進めてきました。

　一方、このバリに関する抑制や除去の課題解決には委員会組織をつくり、推進してきました。社内では「バリ取り・仕上げ技術委員会」リーダとして活動し、バリ取り・バリ抑制技術を推進してきました。社外では1978年に精密工学会内に「デバーリング技術調査研究分科会」、1980年に「バリ取りと仕上げ技術研究会」、そしてBEST-JAPAN研究会（The Japan Society of Burr, Edge and Surface Conditioning Technique の頭文字を取って BEST とした）へ発展させて学会や産業界への啓蒙活動に参加してきまし

た。最初はバリの抑制と除去に関する技術をあつめ、本にまとめました。次にはエッジ品質を明確に図面指示するための規格を日本規格協会に提案し規格 JIS B 0721「機械加工部品のエッジ品質及びその等級」の規格原案の提案を行ってきました。

　エッジを仕上げるための図面指示、その指示に基づいた仕上げ方法とエッジ品質の保証など製造工程の重要な部分を占めるようになりました。

　このようなバリに関する活動について、製造現場の課題の解決に取組めたのは日本が高度成長していたので、必要な技術とされたと感じます。私がバリに取組み始めた1970年代に米国でも同様の取組みがSME（Society of Manufacturing Engineers）内にBurr Technology Divisionを設置して、L. K. Gillepie博士（元Bendix社の技師）を中心メンバーに推進していました。

　また、ドイツではStuttgart大学のSchäfer博士を中心に部品エッジ状態の定量的表現法やコンピュータを用いたバリ取り法選択の研究論文が発表されました。世界で同時進行している時代でした。このような情勢から日本、米国、ドイツ、韓国、ロシアなど多くの国々でバリ取り・エッジ仕上げ・バリ抑制の国際会議が開催されました。

　最近、バリ取り・エッジ仕上げに加えて、エッジ品質をさらに高めるための活動が推進されています。部品が小形化、精密化、高度化して、部品エッジの重要性が増してきています。この書がこれらに携わる設計者、製造技術者、製造現場の方々のお役に立てることを願っています。

参 考 文 献

1) バリ取りと仕上げ技術研究会：バリの抑制・除去技術、経営開発センター出版部（1981）
2) JIS B 0701（1987）：切削加工品の面取り及び丸み
3) JIS B 0051（2004）：製図―部品のエッジ―用語及び指示方法
4) JIS B 0051（2004）：機械加工部品のエッジ品質及びその等級
5) 日比野文雄他：せん断輪郭と型寿命および製品形状に関する考察、塑性と加工、5、46、日本塑性加工学会（1965-11）p.779～786
6) LaRoux K Gilespie and P.T.Blotter：The Foramation and Properties of Machining Burrs, ASME Paper, No.75-ProdJ, Ms.Thesis, Utah State University（1973）
7) 岩田一明、上田完次、奥田孝一：走査型電子顕微鏡によるバリ生成機構の解析、精密機械、48、4（1982）p510～515
8) Y.Hasegawa, et al.：Burr in Drilling Aluminium and a Prevention of It, SME Technical Paper MR 75-480（1975）
9) Schäfer：Entgraten-Theorie-Verfahren-Anlagen, Krausskopf-Verlag（1975）
10) 隈部淳一郎：表面加工　上・下　実教出版社（1973）
11) 前田禎三：塑性加工、（株）誠文堂新光社（1972）p281、282
12) Takashi Miyatani, Koya Takazawa, Masashi Harada：Newly Developed Deburring Machines For Precision Parts In Mass Production SME Technical Paper MR81-382（1981）
13) Takashi Miyatani：Development of an automatic deburring machine incorpoyating indusrial robots for engineering ceramic parts,5th International Conference on Deburring and Surface Finishing,San Francisco USA（1998）Pre-Print、p48
14) 高沢孝哉：バリテクノロジー、（株）朝倉書店（1980）
15) 木下直治監修、高沢孝哉編著：表面研磨・仕上技術集成、日経技術図書（株）（1984）
16) 精密工学会PS専門委員会編：先端バリ取り・エッジ仕上げ技術、PS全書　4、日経技術図書（株）（1992）
17) 高沢孝哉、北嶋弘一監編集：バリテクノロジー実務編、桜企画出版（2008）
18) 高沢孝哉、北嶋弘一監編集：バリテクノロジー入門、桜企画出版（2002）
19) 最新切断技術総覧編集委員会：最新切断技術総覧、（株）産業技術サー

ビスセンター（1985）
20) 山口ひとみ、進村武男：磁気研磨法の動向と応用、砥粒加工学会誌、44、1、(2000) p8
21) 宮谷孝：精密量産部品のマイクロデバーリング、機械技術、28、8、日刊工業新聞社（1980）43～50
22) 宮谷孝：設計からみたバリ対策とその課題、機械技術、29、8、日刊工業新聞社（1981）25～31
23) 新東ブレーター（株）編：バレル研摩、新東ブレーター（株）(1975) p22、248

索　引

◆数・英◆
burr ……………………………………… 10
CCD カメラ ……………………………… 55
deburring ……………………………… 10
fin ……………………………………… 10

◆あ◆
アイスブラスト・冷凍ブラスト方式
　………………………………………… 154
圧縮流体噴射方式 ……………………… 150
穴のバリ取り工具 ……………………… 134
アンダーカット ………………………… 21
糸面取りのこと ………………………… 26
ウォータジェット加工法 ……………… 155
打抜き加工 ……………………………… 121
上向き削りと下向き削り ……………… 115
エアーブラスト・
　マイクロブラスト方式 ……………… 152
鋭角形 …………………………………… 27
鋭利な工具刃先形状 …………………… 104
液体ホーニング方式 …………………… 153
エッジ …………………………………… 8
エッジ角効果 ……………………… 81, 176
エッジ機能と製品 ……………………… 28
エッジクラック ………………………… 20
エッジ形状 ……………………………… 21
エッジ形状の基本形 …………………… 27
エッジの危害性の判定 ………………… 59
エッジの寸法 …………………………… 31
エッジ表面層の性状 …………………… 40
エッジ品質の3要素 ………………… 37, 78
エッジ品質の図面指示 ………………… 36
エッジ品質評価 ………………………… 46
エッチング加工 ………………………… 89
遠心バレル加工法 ……………………… 143
エントランスバリ ……………………… 97
鉛筆心を利用したバリ除去性 ………… 59
送　り …………………………………… 102

◆か◆
回転工具 ………………………………… 133
回転バレル加工機 ……………………… 141
回転バレル加工法 ……………………… 140
かえり …………………………………… 10
かえり取り ……………………………… 10
化学加工 ………………………………… 89
化学加工法 ……………………………… 162
加工硬化 ………………………………… 32
加工表面の品位 ………………………… 30
加工法によるバリ厚さの分布 ………… 179
加工法によるバリの種類 ……………… 11
加工焼け ………………………………… 32
型材料の選定 …………………………… 124
金型でバリを抑制 ……………………… 82
幾何公差 ………………………………… 31
切込み …………………………………… 102
切れ刃の逃げ面磨耗 …………………… 113
顕微鏡 …………………………………… 53
研磨バリ ………………………………… 19
研磨布紙加工法 ………………………… 131
工具顕微鏡 ……………………………… 53
工具の経路変更 ………………………… 103
公　差 …………………………………… 31
公差穴バリ取り工具 …………………… 167
コンパウンド …………………………… 138

◆さ◆
サーフェイス・インテグリティ
　………………………………………… 31
サーフェイス・テクスチャ …………… 31
サーマルデバーリング法 ……………… 160

最適バリ対策条件の位置	65
残留応力	32
磁気研磨加工法	166
磁気バレル加工法	144
軸受油溝のバリを抑制	82
実測法	54
シャープエッジ	197
シャープエッジテスタ	61
ジャイロバレル加工法	145
上下打抜き加工法	124
詳細な設備仕様	190
焦点深度法	54
ショットブラスト方式	151, 153
真直度	31
振動バレル加工機	142
振動バレル加工法	142
製品の工程フローとバリ対策	68
製品の流れとバリ対策	194
切削条件とバリ生成領域	106
旋削加工バリの生成	101
洗浄工程	189
せん断加工	119
総形工具	103
塑性変形	98

◆た◆

ダイヤルゲージ	53
弾性メディアショット方式	157
超音波加工	90
超音波振動付与	104
直角形	27
手作業によるバリ取り	176
手作業のバリ取り・面取り工具	167
電解加工	88
電解加工法	163
電子ビーム・イオンビーム加工法	164
導電性材料	89
トータルコスト	64

通り穴出口に生成されるバリ	106
砥粒流動加工法	158
ドリル加工によるバリの生成	104
ドリル加工のバリを抑制	83
ドリル形状でバリ抑制	107

◆な◆

倣い式面取り機	168
二次元切削	98
ノギス	53

◆は◆

バックアップ材でバリ抑制	109
バリ	10
バリ情報収集	173
バリ除去	71
バリ測定の目的	48
バリ対策	70
バリ脱落	18
バリテクノロジーのPDCA	195
バリ取り	8
バリ取り・エッジ仕上げ能力比較表	181
バリ取り・エッジ仕上げ法	130
バリ取り・仕上げ	17
バリ取り加工方法の能力	178
バリ取りコスト	64
バリ取りコスト計算項目	191
バリ取り作業改善推進の手順	172
バリ取り性数値評価法	74
バリ取り性数値評価法の体系	71
バリ取り専用機	176
バリなきこと	8, 26
バリなきことの図面指示	36
バリの大きさとエッジ仕上げ寸法	51
バリの大きさと均一性	189
バリの大きさのばらつき	201
バリの拡大測定法	61
バリの三次元画像	57
バリの除去	51

バリの性質	50
バリの測定法	46
バリの定義	9, 10
バリ抑制	71
バリ抑制コスト	64
バリ抑制のポイント	100
バリレス加工法	88
バリを考慮した工程設計	93
バレル加工	138
バレル加工の特徴	140
バレル加工方式の比較	147
反転仕上げ切削法	91, 118
反転仕上げ切削法でバリ抑制	110
引きちぎりバリ	97
微細形状の測定	57
微視的亀裂	38
微小亀裂	32
評価項目とランク別得点	73
評価指数	73
表面粗さ	37
表面粗さ計	55
表面性状	31
表面層性状	31
表面のうねり	38
フォトレジストを使った噴射加工	90
部品エッジ品質	30
部品形状	188
部品の加工精度	188
部品の材質	188
部品の寸法ばらつき	201
フライス加工におけるバリの生成	111
ブラシ工具	136
プラスチック成形加工	126
プレス打ち抜き加工におけるバリ	65
プレス打抜き加工	14
ブローホール	32, 38
噴射加工法	150
噴射加工法の諸方式	151
ポアソンバリ	97
包丁研ぎ	13
放電加工	88
ボールスパッタ方式	169

◆ま◆

マイクロバリの三次元画像表示	58
マイクロメータ	52
丸みR	36
メディア	138
メディアの穴詰まり	150
メディアの種類	141
メディアの目詰まり	149
面取り	21
面取りC	36

◆ら・わ◆

ライン測定	57
流動バレル加工法	143
レーザによる測定	56
レシプロ式バレル加工法	145
レプリカ法	58
ロールオーババリ	97
ロボットによるバリ取り	176
ロボットの利用	189
ワイヤフレーム	57

◎著者略歴◎

宮谷　孝（みやたに　たかし）

1965年　金沢大学精密工学科卒業
1965年　東京芝浦電気（株）（現（株）東芝）入社
　　　　（株）東芝　生産技術研究所研究主幹、浜川崎工場生産技術部長、東芝セラミックス（株）研究主幹、東芝変電機器テクノロジー（株）取締役技術部長、日置（株）執行役員工場長、中央大学理工学部兼任講師を経て
2008年　宮谷技術士事務所設立し所長、現在に至る。

　（株）東芝　生産技術研究所で加工の機械化・自動化をテーマとして取り組み、バリ取り作業、溶接作業、金属・セラミックス高精度部品の機械化・自動化の業務に従事。ものづくりの高度化にバリ取り・エッジ仕上げの視点から貢献すべく取り組んでいる。

技術士、公害防止管理者（水質一種）、
BEST-JAPAN研究会（バリ取りと仕上げ技術研究会）副会長

●著書
バリテクノロジー実務編（桜企画出版）、バリテクノロジー入門（桜企画出版）、PS全書4（日経技術図書（株））、最新切断技術総覧（（株）産業技術サービスセンター）、表面研磨・仕上技術集成（日経技術図書（株））、バリの抑制・除去技術（経営開発センター出版部）などの共著

絵とき「バリ取り・エッジ仕上げ」基礎のきそ　　NDC532
2011年11月25日　初版1刷発行　　（定価はカバーに表示してあります）
Ⓒ　著　者　宮谷　孝
　　発行者　井水　治博
　　発行所　日刊工業新聞社
　　　　　　〒103-8548　東京都中央区日本橋小網町14-1
　　電　話　書籍編集部　03（5644）7490
　　　　　　販売・管理部　03（5644）7410
　　FAX　　03（5644）7400
　　振替口座　00190-2-186076
　　URL　　http://pub.nikkan.co.jp/
　　e-mail　info@media.nikkan.co.jp
　　企画・編集　エム編集事務所
　　印刷・製本　新日本印刷（株）

落丁・乱丁本はお取り替えいたします。
2011 Printed in Japan
ISBN 978-4-526-06783-9　C3053
本書の無断複写は、著作権法上の例外を除き、禁じられています。